RÉPUBLIQUE FRANÇAISE

MINISTÈRE DE L'AGRICULTURE

ADMINISTRATION DES EAUX ET FORÊTS

EXPOSITION UNIVERSELLE INTERNATIONALE DE 1900

À PARIS

RESTAURATION ET CONSERVATION

DES TERRAINS EN MONTAGNE

LE PIN LARICIO DE SALZMANN

PAR M. CALAS

INSPECTEUR ADJOINT DES EAUX ET FORÊTS

PARIS

IMPRIMERIE NATIONALE

MDCCCC

RESTAURATION ET CONSERVATION

DES TERRAINS EN MONTAGNE

LE PIN LARICIO DE SALZMANN

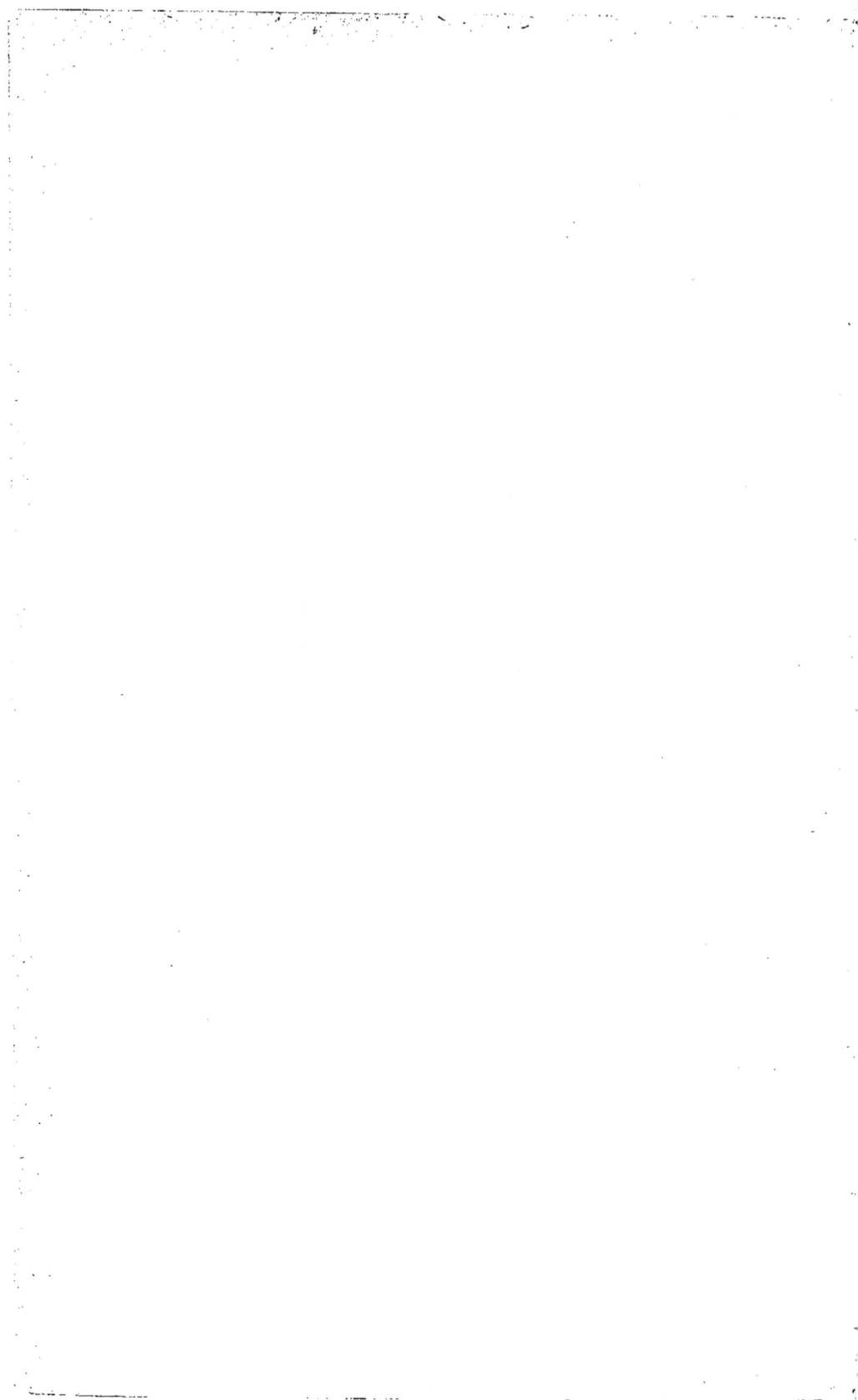

RÉPUBLIQUE FRANÇAISE

MINISTÈRE DE L'AGRICULTURE

ADMINISTRATION DES EAUX ET FORÊTS

EXPOSITION UNIVERSELLE INTERNATIONALE DE 1900

À PARIS

>⊕⊂

RESTAURATION ET CONSERVATION
DES TERRAINS EN MONTAGNE

LE PIN LARICIO DE SALZMANN

PAR M. CALAS

INSPECTEUR ADJOINT DES EAUX ET FORÊTS

DÉPOT LÉGAL

№ seine

1900

PARIS

IMPRIMERIE NATIONALE

MDCCCC

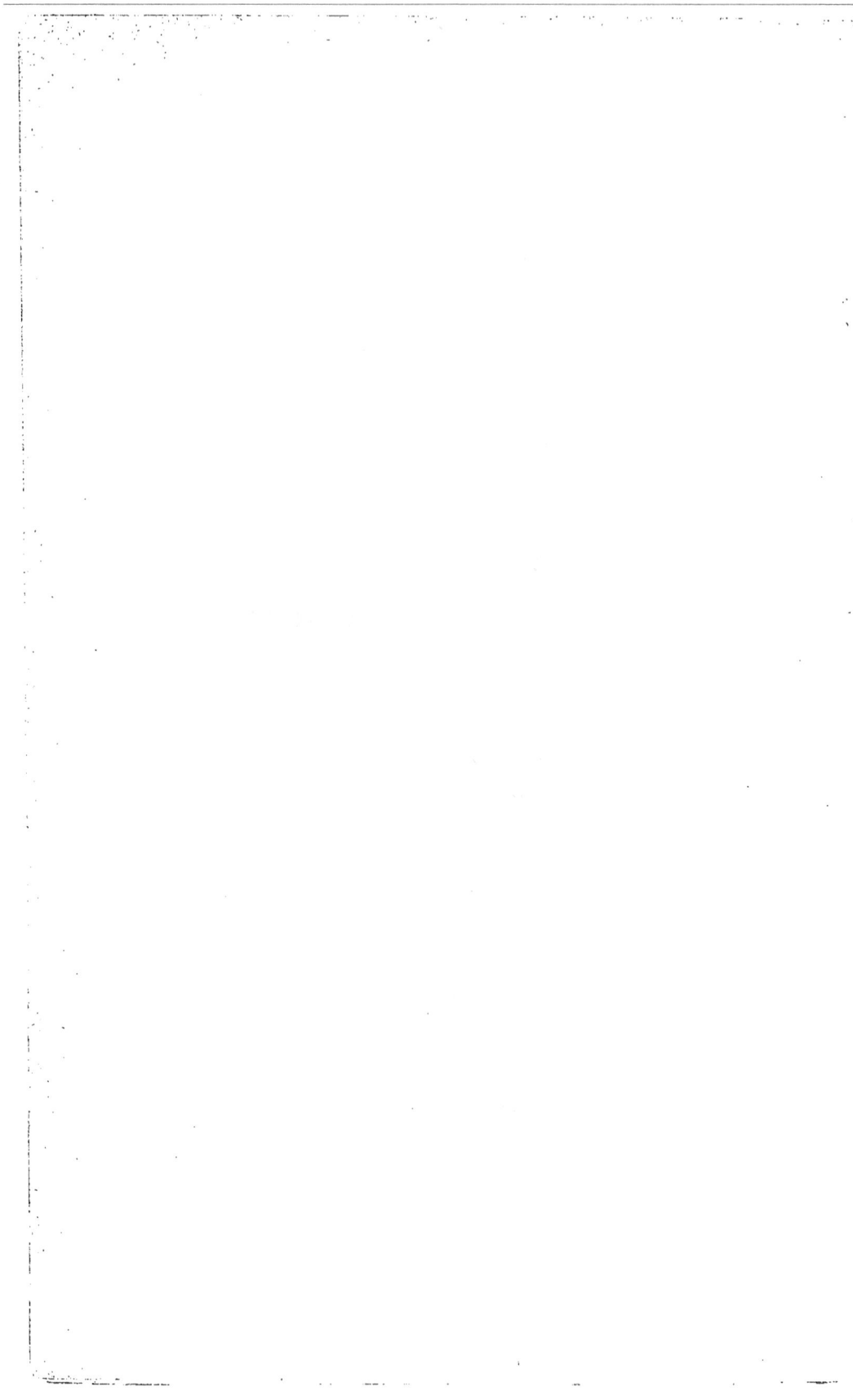

RESTAURATION ET CONSERVATION
DES TERRAINS EN MONTAGNE.

LE PIN LARICIO DE SALZMANN.

I. COMPARAISON ENTRE LES DIFFÉRENTES VARIÉTÉS
DE PINS LARICIOS.

La grande famille des pins comprend, en France, plusieurs espèces, toutes très intéressantes. Dans le travail, fondamental en ce qui concerne la flore forestière, de M. Mathieu, ancien professeur à l'École nationale de Nancy, revu et réédité tout récemment par M. Fliche, son successeur à la chaire de botanique, nous trouvons l'énumération de huit espèces distinctes, dont six à deux feuilles et deux à cinq feuilles. Les six premières sont les Pins sylvestre, de montagne, laricio, d'Alep, maritime et pinier; les deux autres, les pins Cembro et Weymouth.

Parmi ces espèces, quelques-unes présentent des variétés, mais ce n'est guère que dans les Pins laricios que ces variétés prennent de l'importance. De plus, les principales variétés qu'on trouve chez ces derniers ont des caractères nettement déterminés et tellement fixés, à l'encontre de ce qui se passe chez les autres pins, notamment chez le Pin sylvestre, qu'on pourrait à la rigueur les différencier pour les élever elles-mêmes au rang d'espèce.

Néanmoins, la communauté de certains caractères fondamentaux, sur lesquels nous reviendrons plus loin, s'oppose à cette différenciation, mais en revanche la diversité d'autres caractères a permis à Mathieu de compter, en France, jusqu'à cinq variétés distinctes du Pin laricio.

A. Pin laricio de Corse (*Pinus corsicana*, Loud.; *Pinus laricio*, Poir.; *P. poiretiana*, Endl.).

B. Pin laricio de Calabre (*Pinus laricio stricta*, Carr.).

C. Pin laricio d'Autriche (*Pinus austriaca*, Host.; *P. nigricans*, Link.).

D. Pin de Salzmann (*Pinus laricio cebennensis*, Gr. et God.; *P. monspeliensis*, Salzm., inéd.; *P. salzmanni*, Dunal.; *P. pyrenaïca*, Gay, Lecoq et Lamotte, cat., plat. central).

E. Pin laricio des Pyrénées (*Pinus pyrenaïca*, Lapeyr.).

Disons tout de suite que ces deux dernières variétés doivent être réunies en une seule, ainsi que l'a démontré M. de Vilmorin, et que c'est par suite d'une erreur que Lapeyrouse a cru pouvoir affirmer l'existence d'une espèce nouvelle en Espagne, sur la frontière française, aux environs de Vénasque, entre les rivières de l'Esserra et de la Cinca. Nous reviendrons d'ailleurs plus loin sur cette intéressante question.

Il en résulte donc qu'il n'existe actuellement dans la France continentale que quatre variétés de Laricio, savoir :

A. Pin laricio de Corse ;

B. Pin laricio de Calabre ;

C. Pin laricio d'Autriche ;

D. Pin laricio de Salzmann.

De ces quatre variétés, une seule, la moins connue jusqu'à présent, le Laricio de Salzmann, y est spontanée, et tout au contraire des autres qui y ont été introduites, il semble, jusqu'à preuve du contraire, qu'elle y soit localisée.

Le Laricio de Salzmann n'a été découvert qu'à une époque relativement récente. Le premier, Salzmann, dans un mémoire inédit, signale les pins formant le massif de Saint-Guilhem-le-Désert comme variété nouvelle et lui donne le nom de *Pinus monspeliensis;* Dunal ensuite, en 1851, dans un mémoire à l'Académie des sciences de Montpellier, relate la découverte de Salzmann, fait la description de ce Pin et lui attribue le nom de son inventeur. Précédemment, Lapeyrouse avait bien signalé, et seulement sur le rapport d'un correspondant, l'existence d'une variété de Laricio aux environs de Vénasque, mais sa description laissait supposer qu'il s'agissait d'un arbre tout différent. C'est plus tard seulement que la présence d'une variété de Laricio est signalée dans le Gard, aux environs de Bessèges et de Bordezac, et que dans leur flore, en 1856, Grenier et Godron rattachent cette variété de Salzmann. Enfin, il y a huit à neuf ans environ, nous avons découvert dans les Pyrénées-Orientales, sur les moraines du Conflent, dans la région environnant Prades, des massifs importants de cette variété, tandis que M. Fabre, inspecteur des eaux et forêts à Nîmes, signalait les bouquets existant au col d'Uglas, en amont de Mialet (Gard).

L'éloignement des massifs principaux, les conditions diverses de sol, de climat, d'exposition, de traitement même ont produit dans ces différents massifs des aspects si variés, qu'on a pu croire à l'existence de variétés distinctes. Une étude attentive des divers peuplements permet d'affirmer maintenant, sans risque d'erreur, et nous le verrons lors de la description détaillée de chaque massif, que dans le Gard aussi bien que dans les Pyrénées-Orientales, dans l'Hérault aussi bien que sur la frontière espagnole aux environs de Vénasque, le peuplement est constitué par une même variété de Laricio, à laquelle il est juste de laisser le nom de Laricio de Salzmann, en l'honneur de celui qui l'a signalée le premier comme variété distincte.

Nous allons comparer maintenant la variété du Pin laricio de Salzmann avec celles de Corse et d'Autriche, en négligeant le Pin laricio de Calabre, qui joue un rôle presque nul dans les massifs forestiers de France.

Le Laricio de Corse est un grand arbre, d'une puissante longévité, à accroissements minces et réguliers. Il constitue, en Corse, d'importants massifs avec des sujets atteignant quelquefois 45 mètres de hauteur et 5 m. 50 de circonférence, à longs fûts cylindriques, remarquablement droits et à cime étalée. Le couvert de l'arbre est moyen et devient léger à mesure qu'il vieillit.

Son enracinement, d'abord pivotant, se transforme peu à peu pour devenir traçant, mais il est toujours faible et peu en rapport avec les dimensions de l'arbre.

L'écorce, très épaisse et très gerçurée, est formée d'écailles rouge violacé, séparées entre elles par de minces lames péridermiques d'un beau gris argenté.

Le Laricio de Corse a des aiguilles grêles et un peu recroquevillées, souvent même frisées, donnant un aspect tout à fait caractéristique aux jeunes pousses. En vieillissant, ses feuilles se raffermissent et prennent la raideur générale des aiguilles de pin. C'est d'ailleurs surtout sur les jeunes sujets qu'on remarque ce fait. La coloration des aiguilles est d'un vert un peu jaunâtre.

Le Laricio de Corse a enfin des préférences marquées au point de vue du sol. C'est dans les sols granitiques et frais qu'il prospère le mieux; c'est là qu'il atteint la plus grande longévité et son plus fort accroissement. Il vit à des altitudes très élevées.

Le Laricio d'Autriche, plus connu sous le nom de Pin noir d'Autriche, atteint des dimensions moins considérables que le Laricio de Corse. A vrai dire, il n'existe pas encore en France de peuplements suffisamment âgés pour qu'on puisse, dès maintenant, fixer l'élévation et le diamètre maxima qu'il est susceptible d'y atteindre. Ceux-ci sont cependant évalués à 35 mètres pour la hauteur et 4 mètres pour la circonférence. Sa tige est droite et sa cime très touffue, conservant longtemps la forme ovoïde pyramidale. Le couvert de l'arbre est épais et fournit un détritus abondant.

Son enracinement, d'abord pivotant, devient rapidement traçant, avec un système de racines latérales beaucoup plus puissant
que celui du Laricio de Corse.

Son écorce, très épaisse et très gerçurée, est d'un brun noirâtre
foncé jusqu'à l'extrémité des branches.

Les feuilles sont vigoureuses, rigides et épaisses, et d'un vert
franc plutôt foncé. C'est à cette couleur sombre du feuillage, jointe
à l'aspect noirâtre de l'écorce, que le Pin laricio d'Autriche doit son
nom de Pin noir. Le Pin noir d'Autriche a également des préférences marquées de sol et, bien qu'il puisse végéter sur tous, c'est
sur les sols calcaires qu'il a la plus grande vigueur. Il supporte très
bien la sécheresse. Il vit à des altitudes moyennes et il serait im-
prudent de l'introduire à plus de 1,500 mètres d'altitude dans les
régions méridionales.

Le Laricio de Salzmann est de dimensions plus modestes. C'est
très rarement que nous avons trouvé des sujets atteignant 20 mètres
de hauteur et 1 m. 50 de circonférence. Sa forme est infiniment
variable, suivant les conditions de sol. Tantôt, dans les fonds frais
et fertiles, c'est un arbre élancé à tige rigoureusement droite,
surmonté d'une tige touffue et pyramidale, atteignant alors facilement de 15 à 20 mètres; tantôt, au contraire, dans les sols secs
et sans profondeur, c'est un arbre chétif, tordu, paraissant tourmenté par tous les vents et dont la hauteur dépasse rarement 7 à
8 mètres; souvent même, dans les plus mauvais terrains, il s'élève
difficilement et conserve la forme buissonnante. Son couvert varie
également suivant les terrains; néanmoins il est toujours assez
dense et comparable à celui du Pin noir.

Son enracinement devient presque immédiatement traçant et ce
système de racines latérales est d'une puissance considérable. Tel
arbre de 7 à 8 mètres de hauteur envoie à 15 ou 20 mètres de
lui des racines latérales chercher la nourriture qui lui fait défaut.
Ces racines sont même caractéristiques à cet égard, et dans les
terrains tout à fait pauvres elles sillonnent le sol, presque entière-

ment déchaussées, au point de former une sorte de pavage. Dans
les failles des moraines, elles rampent le long des parois verticales
des érosions et paraissent de gigantesques lianes suspendues dans
le vide et allant s'attacher beaucoup plus bas.

L'écorce, toujours très épaisse et très gerçurée, comme dans
tous les autres Laricios, est d'un brun gris franc qui s'éclaircit dans
la vieillesse, les écailles prenant même alors un aspect blanchâtre.
Alors, d'ailleurs, elles se soulèvent par couches minces, comme
cela se produit pour l'écorce des platanes, dont elles ont également
la coloration. L'épaisseur de l'écorce est au bois dans la proportion
constante de 1 à 6; c'est aussi à peu près la proportion existant
dans le Pin noir d'Autriche.

Les feuilles sont en touffe à l'extrémité de branches nues. Elles
sont d'un vert jaune clair chez les jeunes arbres, mais elles foncent
à mesure que le sujet avance en âge et qu'il est plus vigoureux.
D'ailleurs, d'une façon générale, plus un sujet est vigoureux, plus
le vert de ses feuilles est foncé. C'est ainsi que sur les arbres en
buisson les feuilles sont presque jaunes, et que dans les massifs
vigoureux et élancés le vert des feuilles se rapproche de celui du
Pin noir.

Nous ne dirons pas que le Pin laricio de Salzmann a des préférences marquées pour les sols les plus pauvres, mais c'est sur ceux-
là qu'on le trouve. C'est ainsi que, dans l'Hérault, il n'existe que
sur les calcaires dolomitiques de Saint-Guilhem, dans le Gard, sur
les parties les plus pauvres du grès houiller, et, dans les Pyrénées-
Orientales, sur des moraines à tuf compact. On voit donc qu'il est
d'une accommodation absolue pour tous les mauvais sols, aussi bien
calcaires que granitiques ou siliceux. Mais, dès qu'il se trouve dans
des terrains un peu meilleurs, sa végétation se transforme complètement, et au lieu d'un arbre rabougri, tortueux, à feuilles courtes
et jaunâtres, à cime étalée, il n'est pas rare de voir un arbre
élancé, à cime pyramidale, touffue, avec des aiguilles longues et
franchement vertes. C'est cette diversité d'aspect qui a provoqué la

plupart des confusions des botanistes qui l'ont rencontré en différents points. Mais partout il a conservé certains signes caractéristiques, tels que celui des rameaux à longues écailles, d'un beau jaune vernissé et dépourvus de feuilles sur leur partie inférieure.

Il est bien difficile de donner la véritable cause de cette sorte d'exil dans les terrains de dernière catégorie. Il est cependant certain que dans chacun des massifs que nous étudierons plus loin l'action du défrichement s'est fait sentir avec une intensité considérable, et pour chacun d'eux on peut affirmer, sans crainte d'erreur, que le résultat de l'action humaine a été la suppression sur les parties les plus fertiles des peuplements de Laricios et leur remplacement par des cultures agricoles ou forestières supposées plus rémunératrices.

Mais, avec cette cause, pour ainsi dire locale, il en est une autre d'une portée plus générale. Nous voulons parler du caractère fossile attribué au Pin laricio de Salzmann par MM. Fliche, professeur de botanique à l'École nationale des eaux et forêts, et Flahault, professeur de botanique à la Faculté des sciences de Montpellier. Mais c'est là une question qui mérite une étude et un développement particuliers.

Nous venons de signaler les aspects extérieurs des trois principales variétés de Laricio. Il nous paraît inutile d'insister sur leurs profondes différences. Il est absolument impossible de les confondre et l'œil exercé du botaniste ou du forestier, pour peu que son attention soit appelée, les distinguera avec la plus grande facilité.

II. DESCRIPTION DÉTAILLÉE DU PIN LARICIO

DE SALZMANN.

Nous allons maintenant passer à une étude plus approfondie de la variété qui nous occupe.

La feuille du Pin laricio de Salzmann est très variable suivant les sujets, ainsi que nous l'avons exposé plus haut. Dans les sujets rabougris, sa longueur ne dépasse guère 12 à 13 centimètres, tandis que dans les sujets bien venants elle atteint fréquemment 18 et même quelquefois 20 centimètres. La largeur et l'épaisseur varient dans les mêmes proportions.

Ce sont des feuilles glabres, géminées, c'est-à-dire engainées deux à deux dans un réceptacle commun.

Les parties internes des feuilles, celles qui se font face, sont légèrement canaliculées et striées; elles présentent un aspect vert franc plutôt mat. La partie externe est convexe, très peu striée et luisante. La largeur de la feuille varie de 1 millimètre à 1 millim. 5, et son épaisseur de 2 à 3 dixièmes de millimètre. Plus la feuille est courte, plus elle paraît raide, et plus elle est longue, plus elle est flexible; mais, quelle que soit sa longueur, elle n'est jamais tombante ou même frisée, comme dans le Laricio de Corse, elle reste toujours droite. Les feuilles sont terminées par une extrémité piquante, mais qu'on sent assez peu, grâce à leur flexibilité. Leur coloration varie du vert jaunâtre clair au vert foncé, suivant l'état de végétation du sujet.

Les feuilles dressées se réunissent en touffes régulières à l'extrémité des rameaux. Elles tombent généralement à la troisième année, très rarement à la quatrième. C'est un peu à cette chute, rapide pour un pin, que les rameaux doivent cet aspect dénudé caractéristique de la variété. La gaine d'aiguilles prend naissance sous une écaille également très caractéristique. Cette écaille, en forme de spatule, terminée par une extrémité arrondie qui se recourbe à l'extérieur, peut avoir comme longueur de 7 à 10 millimètres, et comme largeur maximum 5 millimètres. Elle est d'un jaune vernissé très brillant et caractéristique. Enfin, sous un certain nombre de ces écailles, dans la partie inférieure de la tige, les jeunes feuilles avortent, laissant toujours, d'un verticille à l'autre, une partie vide de feuilles d'une longueur à peu près égale à la moitié de celle qui en est couverte. C'est là la principale cause de l'aspect dénudé des rameaux.

Malgré cela, comme dans les parties garnies de feuilles celles-ci sont très denses et que leur longueur est grande, le couvert de l'arbre est assez complet, si bien que pour peu que le massif soit serré, ce qui est assez fréquent sur les bons sols, il y a une abondante couverture morte, formée des détritus de feuilles tombées sur le sol, et la végétation en sous-bois est peu importante.

La floraison s'effectue très tardivement et la germination encore plus. Le pollen ne s'échappe guère qu'en juillet.

Les chatons mâles, oblongs cylindriques, obtus, disposés en épis serrés, d'une couleur jaunâtre, sont dépassés par les feuilles. Les chatons femelles ont de suite la forme ovoïde; ils sont rougeâtres et sans bractées saillantes. Une fois fécondés, ils donnent naissance à des cônes qui mettent vingt mois à mûrir complètement; c'est-à-dire qu'un chaton femelle fécondé en juillet 1898 ne fournira des graines qu'en mars 1900. Le cône persiste plus d'un an après la chute des graines.

Le Pin laricio de Salzmann est étonnamment fructifère; il donne des produits dès la quinzième année environ. Les cônes sont le plus souvent deux par deux, quelquefois trois par trois, rarement solitaires. Ils sont presque sessiles et placés à l'aisselle des verticilles, formant eux-mêmes, quand ils sont trois, un verticille où chaque cône alterne avec un rameau. Ils sont étalés horizontalement et affectent tous, sans exception, une forme légèrement cintrée, la partie convexe tournée vers le ciel.

D'abord rougeâtre la première année, le cône ne tarde pas à passer au vert clair, puis au vert jaunâtre pendant la seconde, et quand il est devenu tout entier d'un jaune roux clair bien luisant, il est mûr et prêt à cueillir si on veut en récolter la graine. Il conserve ce ton jaune roux jusqu'après l'ouverture des écailles, pour passer ensuite et successivement du brun au gris noirâtre avant la chute définitive.

La forme du cône est caractéristique et constante. C'est un cône oblong, affectant un peu la forme d'une corne de bœuf, grâce à

3.

la déviation signalée plus haut. Sa longueur moyenne est de 6 à
7 centimètres; elle ne dépasse jamais 8 et ne descend jamais au-
dessous de 5. La partie la plus large a de 30 à 35 millimètres de
diamètre.

Le cône est formé d'écailles imbriquées et très comprimées. Le
nombre de ces écailles est sensiblement constant, quelle que soit,
d'ailleurs, la grosseur du cône. Il varie de 100 à 110. Les écailles
ont à leur base, près de leur point d'insertion, deux cavités servant
de logement à deux graines dont les ailes viennent se prolonger
presque jusqu'au bord extérieur du cône. En tenant compte qu'une
partie des écailles de la base et du sommet sont trop resserrées pour
avoir des graines et que ces écailles représentent environ la moitié
de la totalité, on peut évaluer à une centaine environ le nombre de
graines données par un cône.

D'autre part, 1 hectolitre de cônes renferme environ 2,200 cônes,
et les récoltes que nous avons faites régulièrement depuis cinq ans
nous ont donné un rendement constant de 1,400 à 1,500 grammes
environ par hectolitre. Si donc nous tenons compte du fait signalé
plus haut, que les Pins laricios de Salzmann sont très fructifères
et que le rendement des cônes est grand, on voit que le prix de
revient du kilogramme de graines n'est pas très élevé.

L'écaille ligneuse, à partir du logement des graines, est sensiblement rectangulaire; elle se termine par un écusson légèrement
épaissi et bombé. Cet écusson est convexe; il est relevé d'une carène transversale allant d'une extrémité à l'autre dans le sens hori-
zontal et dans la plus grande largeur de l'écusson. Cette carène est
divisée en deux par un ombilic central nettement marqué. De cet
ombilic partent des stries plus ou moins nettes, allant vers le bord.
D'une façon générale, la partie de l'écusson située du côté supérieur de la carène, c'est-à-dire vers le sommet du cône, est bombée
ou convexe, tandis que la partie regardant la base du cône est
rentrée ou concave. Le centre de l'ombilic est quelquefois mucroné;
cela arrive surtout quand il s'agit de sujets venus dans les sols

fertiles. Les écailles atteignent leurs plus grandes dimensions vers le milieu du cône. Dans cette partie et sur un cône moyen, elles ont généralement 2 centimètres de longueur totale et 12 à 14 millimètres de largeur dans la partie rectangulaire, avec un écusson dont la carène est à peu près de la largeur de l'écaille, tandis que la perpendiculaire à cette carène n'a que de 7 à 8 millimètres au maximum.

Les écailles de la base vont en diminuant à mesure qu'elles s'approchent du point d'attache du cône, pour finir par être complètement avortées à ce point-là. Au sommet, au contraire, il n'y a guère que les trois ou quatre dernières écailles qui soient sans graines. Les graines logées dans les cavités ménagées à la base des écailles sont ovales, elliptiques, comprimées, d'une couleur brunâtre plus ou moins claire, mais mate. Elles ont à peu près 6 millimètres de longueur, 4 de largeur et 2 d'épaisseur, et sont accompagnées d'une aile trois à quatre fois plus longue qu'elles.

Cette aile, très mince, couleur tabac, essentielle pour la dissémination, a de 20 à 25 millimètres de longueur y compris la graine. Dans sa longueur, elle présente un côté presque droit, tandis que l'autre est assez régulièrement arrondi. L'extrémité opposée à la graine est plutôt aiguë.

Le côté droit correspond au côté intérieur si on considère les deux graines fixées dans l'écaille. La largeur de l'aile est sensiblement plus petite que la moitié de la longueur totale et ne correspond guère qu'au tiers. Enfin l'épaisseur de l'aile va en diminuant en allant du côté droit vers le côté arrondi.

L'enveloppe des graines est peu épaisse; on la brise facilement avec l'ongle; l'amande, entourée d'une pellicule blonde et très riche en huile, est de six à sept fois cotylédonée.

L'extraction des graines se fait au moyen de la chaleur, soit naturelle, soit artificielle. Considérée en masse, la graine présente un aspect gris brun assez clair, tirant même sur le roux jaune. Il y a un assez grand nombre de graines blanchâtres. L'opération du désailage est nuisible sous le rapport de la conservation de la graine, mais elle est indiquée avant le semis. Il rentre environ de 6o,ooo à 8o,ooo graines fraîches dans un kilogramme et 3o,ooo à 4o,ooo dans un litre; le poids du litre de graine désailée est en effet de 5oo grammes. Nous ignorons encore la durée maximum de conservation, mais nous pouvons affirmer que des graines de trois ans nous ont donné des résultats aussi bons que des graines d'un an.

La germination dure de quinze jours à un mois, suivant les conditions d'humidité et de chaleur. Un climat humide et chaud l'active singulièrement. Le petit plant naît sous la forme de six ou sept feuilles cotylédonaires d'un vert glauque caractéristique. Le jeune plant atteint de o m. o6 à o m. 12 dès la première année et n'a encore que des feuilles solitaires. Si le sol est bon, la racine se développe dans de beaucoup plus grandes proportions. C'est un pivot avec de nombreuses radicelles; dès le début de la deuxième année apparaissent les feuilles géminées, avec au centre une tige verticale qui donnera naissance, l'année suivante, c'est-à-dire la troisième, au premier verticille. Le pivot de la racine ne s'allonge pas; seules les radicelles croissent et se fortifient. A partir de ce moment, le jeune pin se développe avec une grande rapidité. Dans de bonnes conditions, les pousses annuelles de o m. 4o, o m. 5o et même o m. 6o de longueur ne sont pas rares.

Le Pin laricio de Salzmann est un arbre d'un tempérament essentiellement robuste. Il est d'une frugalité extrême, puisqu'on le voit s'accommoder des plus mauvaises conditions et vivre sur les sols les plus maigres. Il accepte aussi bien le plein soleil sans abri que l'ombre de ses parents, si épaisse qu'elle soit; mais tandis que sans abri il s'élève avec une forme ornementale, très remarquable par sa régularité pyramidale, sous l'abri des massifs il pousse grêle et élancé, en laissant l'élagage naturel le débarrasser rapidement de ses verticilles inférieurs.

Sa croissance est intimement liée, de même que son port et par

suite sa taille, au sol sur lequel il vit. Si c'est l'arbre qui paraît
s'accommoder des plus mauvais sols, c'est aussi un de ceux qui
savent le mieux profiter des bonnes conditions dans lesquelles on
le place. C'est ainsi que nous pouvons indiquer dans le vallon de
Belloc, sur un bon sol calcaire et frais, un reboisement en Pin noir
d'Autriche au milieu duquel se trouvent plusieurs Pins de Salzmann. Et dans ce massif, âgé de quinze ans environ, les Pins de
Salzmann sont plus grands, plus forts et paraissent bien plus vigoureux que les Pins noirs, qui cependant sont aussi en bon état
de végétation.

Malheureusement, dans toutes les stations où ce Pin se trouve à
l'état spontané, les conditions de sol sont des plus mauvaises.

Il est donc très difficile de dire ce qu'il donnerait dans de meil-
leures conditions. Néanmoins, quand, dans les mauvais sols où il se
trouve, il rencontre des points où le sol est un peu meilleur, aussitôt
l'arbre s'élance, grandit et grossit.

Le bois du Pin laricio de Salzmann se rapproche beaucoup de
celui du Laricio de Corse. Il a un aubier un peu coloré et très
abondant. Le bois parfait, rougeâtre, très chargé en résine, n'apparaît que très tard; et plus l'arbre vieillit, plus la proportion
d'aubier augmente. Malheureusement le champ des recherches
était pour nous des plus limités. Très rarement nous avons pu
trouver des arbres d'une centaine d'années et toujours sur des
terrains médiocres; ceux qui nous paraissaient les plus vieux et
que nous faisions abattre n'avaient guère que de quatre-vingts à
quatre-vingt-dix ans. A cet âge et dans les terrains morainiques si
pauvres de la vallée de la Tet, les arbres ont 12 à 15 mètres de
hauteur totale et 0 m. 90 à 1 m. 10 de circonférence, soit 0 m. 30
à 0 m. 35 de diamètre. En enlevant de 0 m. 07 à 0 m. 08 pour
l'écorce, il reste 0 m. 28 de bois ou 0 m. 14 d'épaisseur pour
une centaine de couches. On voit combien les couches d'accroissement sont minces. Nous avons même visité un canton d'âge uni-
forme, soixante ans environ, où tous les sujets ont 12 mètres de

hauteur et o m. 20 seulement de diamètre moyen. Ce perchis, il est vrai, est d'une très grande densité.

Les couches d'accroissement sont, d'ailleurs, assez irrégulières. Précisément en raison de la mauvaise qualité du sol, l'influence climatérique doit être très marquée sur les pins, et les mauvaises années doivent se traduire par des couches d'accroissement extrêmement minces. Le bois parfait est d'une grande densité, mais comme il ne joue qu'un rôle des plus secondaires, puisque dans les bois de quarante ans nous ne trouvons que quatre couches de bois parfait et dans ceux de quatre-vingt-dix ans quatorze couches, il en résulte que la densité de 0,70 que nous avons trouvée comme moyenne ne s'applique guère qu'à l'aubier. Les canaux résinifères sont nombreux, mais la résine va en diminuant du centre au bord. Le bois parfait rappelle même par son aspect le bois gras.

L'écorce est très épaisse et dure fort longtemps. Ce n'est guère que l'écorce de la vingtième année qui s'exfolie. Elle se compose d'écailles peu larges mais assez longues, où le liber est transformé en un liège sec pulvérulent, brun rougeâtre et séparé de la couche suivante par une mince lame péridermique blanche farineuse.

L'utilisation des Pins de Salzmann est assez médiocre. La forêt de Saint-Guilhem-le-Désert est inexploitée en ce qui concerne les résineux. Dans les massifs de Bessèges, on vend cependant les coupes, qui sont débitées en étais de mines et planches pour les exploitations voisines. Dans la région de Prades, on n'abat les arbres que pour le chauffage et quelquefois pour faire des perches et des piquets et échalas de vignes. En somme, le produit est peu important.

Est-ce à dire pour cela qu'il faut pousser à la disparition de cette essence, qu'elle est inutile et ne peut rendre des services? Non, au contraire même, affirmons-nous. Cette essence, loin d'être inutile, rend et rendra à l'avenir des services précieux. D'abord elle occupe des terrains où seule elle peut vivre, et l'expérience a montré, comme nous le verrons plus loin, que c'était un tort de vouloir la remplacer systématiquement par d'autres paraissant plus rémunératrices, telles que le Pin sylvestre, le Pin noir ou le Pin maritime. Ensuite, dans les terrains secs et compacts, elle est une ressource précieuse que le reboiseur ne doit pas négliger. Dans ces terrains, les autres essences peuvent s'installer et vivre pendant quelques années, même avec les apparences de la vigueur ; mais, plus ou moins rapidement, suivant la profondeur du sol, elles dépérissent et finissent par disparaître. C'est ce qui est arrivé, notamment dans les moraines des environs d'Escaro et de Serdinya, où tous les Pins maritimes, d'Alep, d'Autriche, etc., introduits artificiellement, meurent peu à peu, tandis que les Pins laricios de Salzmann spontanés se propagent par semis naturel et s'étendent progressivement. Dans ces moraines, la couche superficielle n'est que de quelques centimètres et le sous-sol est constitué par un tuf argileux compact où les racines de la plupart des végétaux sont incapables de pénétrer. Mais celles du Laricio de Salzmann, grâce au pouvoir traçant que nous avons signalé plus haut, s'étendent au loin et suffisent à l'alimentation du sujet. D'autre part, le fait que nous avons cité des reboisements de Belloc, où les plus beaux sujets sont des Pins de Salzmann, et la connaissance que nous avions du bon état de ceux introduits il y a déjà long-temps dans les reboisements des environs de Lodève, nous ont décidé à entreprendre en grand la restauration de cette essence des moraines déboisées de la région située entre la Tet et le village d'Escaro.

Les ennemis du Pin laricio de Salzmann sont généralement ceux de tous les autres pins. Il est cependant beaucoup moins sensible à l'attaque des chenilles de la Processionnaire que la plupart de ses congénères.

Nous avons fait ressortir ce fait dans notre travail sur la Processionnaire du pin. L'expérience prouve en effet que les chenilles, dans des massifs d'essences mélangées, attaquent de préférence les autres pins, notamment le Pin noir d'Autriche, le Pin sylvestre, le

Pin laricio de Corse, le Pin à crochets et ne viennent qu'en dernier lieu sur le Pin laricio de Salzmann. Bien plus, dans les massifs purs de cette dernière essence, l'invasion n'arrive pas à se développer. C'est ainsi que dans les massifs de Saint-Guilhem-le-Désert ou de la Gagnières, où l'on a constaté la présence des chenilles depuis plusieurs années, on voit quelques bourses éparses sur différents pins, bourses dont le nombre ne varie guère d'une année à l'autre. Le dommage souffert par le massif est à peu près nul.

D'ailleurs, les expériences faites par nous sur différents sujets montrent que, même en cas d'invasion, l'arbre, considéré isolément, souffre fort peu et se remet très rapidement des dégâts causés par les chenilles.

Il nous reste maintenant à parler de l'aire d'habitation du Pin laricio de Salzmann et à faire la description des différents massifs connus constitués par cette essence.

III. AIRE DU PIN LARICIO DE SALZMANN.

Ainsi que nous l'avons exposé au début de ce travail, il existe plusieurs stations distinctes de Pin laricio de Salzmann. Quatre sont en France : celle jusqu'à présent connue sous le nom de station de Bessèges, qui est cependant assez éloignée de cette localité et que nous dénommerons station de la Gagnières, du nom de la rivière dont les deux rives sont occupées par cette essence; la station de Gagnières est à cheval sur les deux départements de l'Ardèche et du Gard; celle du col d'Uglas, à l'ouest d'Alais, dans le département du Gard; celle de Saint-Guilhem-le-Désert, dans le département de l'Hérault; cette station s'étend assez au loin par des ramifications, et celle des environs de Prades, dans le département des Pyrénées-Orientales se composant de plusieurs massifs distincts, dont les principaux sont celui d'Aytua, à l'ouest de Prades, et celui des Masos, à l'est.

Nous avons personnellement visité ces différentes stations, dont nous donnerons plus loin une description détaillée accompagnée de vues photographiques, et qui sont figurées sur la carte ci-jointe.

Hors de France, à part l'indication de son existence en Grèce par Boissier (*Flor. Orient.*, p. 697), existence qui n'est pas encore démontrée, on ne connaît que la station espagnole des environs de Vénasque, qui vient même déborder en France près de Castejon. C'est à Lapeyrouse et à M. de Vilmorin qu'on doit la connaissance de cette station particulièrement intéressante et dont la détermination a donné lieu à de nombreuses incertitudes.

Lapeyrouse, en 1813, a signalé (*Histoire des plantes des Pyrénées*, p. 588) la présence en Aragon, près de la frontière française, entre les rivières de l'Essera et de la Cinca, au-dessous du port de Vénasque, d'un Pin laricio qui y occuperait une surface d'environ 6 lieues carrées.

Il importe de remarquer que Lapeyrouse ne parle que d'après les récits de tierces personnes et non d'après ses propres découvertes. De ce massif il n'a vu que les échantillons qui lui ont été remis par M. Boileau, pharmacien à Luchon, échantillons consistant en petites branches et cônes :

Il décrit d'ailleurs le cône d'une façon très exacte :

« Les cônes, dit-il, du Pin laricio se distinguent facilement; leurs écailles sont obtuses et portent en relief les rudiments d'une pyramide quadrangulaire plus large que longue ; ils sont d'abord verts, passent au fauve et sont entièrement gris quand ils sont prêts à s'ouvrir. » Remarquons que si Lapeyrouse décrit le cône, il omet de décrire l'arbre lui-même. C'est qu'il avait vu l'un et non l'autre.

En 1818, il fait un *Supplément* à son *Histoire des plantes des Pyrénées* et quand il arrive à l'article *Pin* (p. 144 du *Supplément*), il débute en disant que pendant plusieurs années il a étudié les pins, qu'il en possède en son jardin de belles et nombreuses plantations de trente ans environ en pleine vigueur et qu'il va rapporter ce qu'elles lui ont offert.

4.

Puis, en arrivant au Pin laricio, il s'inscrit en faux contre lui-même, renie ce qu'il a écrit en 1813 dans son premier travail et dit qu'il faut l'effacer et le remplacer par un nouvel article consacré non au Pin laricio, mais à une nouvelle espèce qu'il appelle *Pinus pyrenaïca*.

M. de Vilmorin, dans un article publié en 1893 dans le Bulletin de la Société botanique de France, signale ce fait et l'explique en disant que Lapeyrouse s'est trompé dans son jardin, et a pris pour les produits des graines fournies par Boileau ceux des graines de *Pinus parolinianus*. Nous pensons que l'explication est beaucoup plus simple et que c'est bien le rejeton des Pins aragonais de Vénasque que Lapeyrouse a décrit.

Lisons, en effet, sa description, nous y trouvons tous les caractères du Pin laricio de Salzmann : « Écorce épaisse et raboteuse, d'un gris brun, à gerçures profondes; branches horizontales, éparses et nues. Jeunes pousses recouvertes d'écailles arrondies, imbriquées, fauves. Feuilles deux, déliées, acéreuses, d'environ 2 décimètres de longueur, ramassées en forme de pinceau, au bout des jeunes pousses seulement. Cônes disposés horizontalement, deux à deux, trois à trois, quatre à quatre, parfaitement coniques, assez gros, lisses, aigus, leur pointe un peu recourbée. Écailles aplaties irrégulières, portant quatre, cinq et six angles, striées du centre à la circonférence, le diamètre par le travers étant le plus large. Ombilic rhomboïdal, grand, gris; n'a point de saillie. Semence petite avec aile ample, dépassant fortement la noix à son insertion du côté extérieur. »

Mais c'est là la description absolue du Pin laricio de Salzmann! Une seule chose pouvait laisser place au doute, c'est la phrase du début : « Le Pin des Pyrénées est un très grand arbre, propre, lorsqu'il est vieux, à la mâture et aux constructions. Son port est majestueux. Il file droit. » Et, plus loin, Lapeyrouse parle « d'un feuillage vert sombre ». Évidemment cela ne semblait pas s'appliquer au Pin laricio de Salzmann de Saint-Guilhem, arbre généralement rabougri et tordu ; et M. de Vilmorin, qui avait constaté l'identité des massifs de l'Aragon et du massif de Saint-Guilhem, ne pouvait admettre une description pareille. Nous avons commis une semblable erreur quand, en 1893, sur la foi des descriptions écrites, nous estimions pouvoir différencier le Pin du Conflent du Pin laricio de Salzmann et du Pin des Pyrénées.

D'après ces descriptions, le Pin laricio de Salzmann était un arbre rabougri et tordu, le Pin des Pyrénées de Lapeyrouse un arbre de première grandeur, tandis que celui du Conflent est un arbre de moyenne grandeur, filant droit. Nous faisions de ce dernier une troisième variété. En réalité, il s'agissait dans les trois cas du même arbre. Lapeyrouse, ne l'oublions pas, décrivait dans son *Supplément* des arbres d'une trentaine d'années, venus en bonne terre, dans son parc. Or, nous avons expliqué déjà longuement que dans les bons terrains le Pin laricio de Salzmann pousse rapidement, avec une tige droite et élancée, une cime pyramidale et un ton de feuillage d'autant plus sombre que l'arbre est plus vigoureux, ce qui était le cas des sujets de Lapeyrouse. Ce n'est que par déduction que Lapeyrouse, voyant un arbre de trente ans aussi bien venant, a supposé qu'il fournirait un arbre majestueux. N'oublions pas, d'ailleurs, que dans sa première description de 1813, description qu'il faisait d'après les rapports de tierce personne, il parlait également d'un arbre majestueux.

Ce point nous paraît donc complètement éclairci. Le massif de l'Aragon est bien constitué en Pin laricio de Salzmann. M. de Vilmorin a constaté l'identité des sujets avec ceux de Saint-Guilhem. Lapeyrouse, qui ne connaissait d'ailleurs pas le Pin laricio de Salzmann, a vu dans son parc des produits des graines des arbres d'Aragon qui lui ont paru assez différents du Pin laricio Poiret, pour mériter de former une espèce nouvelle qu'il a dénommée *Pinus pyrenaïca*. En réalité, le *Pinus pyrenaïca* de Lapeyrouse et le Pin laricio de Salzmann sont le même arbre, arbre qui prend un port très différent, suivant les conditions où il se trouve.

Pour en revenir à la station espagnole, elle est située, d'après M. de Vilmorin et en confirmation des données de Lapeyrouse, entre les rivières de l'Essera et de la Cinca, à une altitude de 1,000 mètres environ. Le massif déborde un peu en France, aux environs de Castejon. La surface indiquée par Lapeyrouse paraît être exagérée. M. de Vilmorin a constaté dans le voisinage des Pins de l'Essera la présence de nombreuses espèces méditerranéennes qu'on retrouve toujours avec le Pin laricio de Salzmann.

Bien que cette dernière station, sensiblement plus élevée en altitude dans son ensemble que les précédentes, soit surtout plus profondément enfoncée dans un massif montagneux, il n'en résulte pas moins que l'aire d'habitation du Pin laricio de Salzmann est essentiellement méditerranéenne.

Le Pin laricio de Salzmann est aussi une essence de basse montagne; on le trouve en effet entre 200 et 1,000 mètres d'altitude. Il a complètement disparu de la plaine, comme d'ailleurs tout massif forestier de sa région, laissant la place aux cultures agricoles. Au-dessus de 1,000 mètres, il est remplacé, suivant les régions, par le chêne rouvre ou le Pin sylvestre.

Chacun de ses massifs a été peu à peu réduit à ses dimensions actuelles par le fait du défrichement. Ce défrichement, ainsi que nous le prouverons plus loin, lors de la description détaillée de chacune des stations françaises, s'est porté sur tous les sols bons ou même passables des massifs, pour reléguer en fin de compte le Pin laricio de Salzmann sur les sols les plus mauvais, où il lui a fallu toute sa rusticité pour résister. Le but de ce défrichement a toujours été, au moins pour les époques relativement récentes, non la création de pâturages, mais la substitution de cultures agricoles, vinicoles et le plus souvent même sylvicoles à la forêt proprement dite.

C'est ainsi que suivant les terrains et les régions on a semé des céréales, planté de la vigne, des oliviers, des châtaigniers et même des chênes rouvres, en remplacement du Pin laricio de Salzmann.

Il n'en est pas moins vrai que si on laisse la nature agir elle-même, le Pin laricio de Salzmann reprend bientôt sa place, non seulement au détriment des céréales, de la vigne ou de l'olivier, ce qui est tout naturel, mais encore au détriment du châtaignier ou du chêne rouvre, ce qui indique nettement sa plus grande vitalité par rapport à ces deux essences dans ses stations.

Maintenant, peut-on déduire de ces faits indéniables que l'aire d'habitation du Pin laricio de Salzmann était beaucoup plus étendue autrefois que maintenant? Que même les différents massifs réunis les uns aux autres sans aucune solution de continuité formaient une bande ininterrompue sur le versant méditerranéen des Pyrénées aux bords du Rhône?

Ce caractère fossile n'impliquerait d'ailleurs nullement la disparition prochaine des derniers vestiges du Pin laricio de Salzmann, ou même sa décadence absolue. Il signifierait simplement que cette essence aurait traversé plusieurs périodes géologiques et aurait survécu à la généralité de la flore de ces périodes.

Il existe d'ailleurs un grand nombre d'exemples de cette permanence, et d'une façon générale les espèces qui se trouvent dans ce cas, ou ont disparu complètement de la flore de notre pays, ou sont confinées dans certains îlots nettement délimités et dont elles ne sortent jamais, ou enfin y sont distribuées autrement.

Nous allons citer quelques exemples de végétaux survivants des époques tertiaire et quaternaire qui paraissent particulièrement intéressants.

1° *Myrica Gale*, L. — Un des deux survivants en Europe du genre *Myrica*, qui y était très développé à l'époque tertiaire. Cette espèce a réduit peu à peu son aire pour se confiner dans les marais de l'Europe occidentale de l'embouchure du Tage (Portugal), aux Landes, à la Grande-Bretagne, à la Belgique, à l'Allemagne du Nord, à la Scandinavie, à la Russie et à la Sibérie.

On retrouve cette espèce sans variation au Japon et dans l'Amérique septentrionale.

Parmi les autres espèces du genre *Myrica*, on ne retrouve que le *Myrica Fayer Aitou* et seulement sur les côtes du Portugal et aux Açores.

Toutes les autres espèces, au nombre de 35, sont confinées dans l'Amérique, 2 dans l'Amérique du Nord la plus méridionale et les 33 autres dans l'Amérique du Sud.

Voilà le cas d'un genre ayant modifié son aire et l'ayant considérablement réduite en Europe.

2° *Betula nana*, L. — Cet arbrisseau, qu'on trouve à l'état fossile dans les argiles glaciaires de la Suède méridionale, du Danemark, de l'Allemagne du Nord, de l'Angleterre, de la Suisse, a considérablement restreint son aire. On le trouve confiné actuellement dans la Péninsule scandinave, la Finlande et toutes les terres circumpolaires du nord de l'Europe, de l'Asie et de l'Amérique.

Dans l'Europe centrale, il subsiste encore sur les montagnes qui limitaient la mer quaternaire couvrant le nord de l'Allemagne actuelle.

3° *Cotoneaster pyracantha*, Spach. — Cet arbuste existait en Provence et remontait jusqu'au centre de l'Europe dès le début de la période quaternaire.

Actuellement il est principalement réparti de l'Italie méridionale à l'Orient, à travers la Dalmatie, la Péninsule des Balkans, la Grèce et l'Asie Mineure; on le rencontre très rarement en Espagne (Galice et Catalogne), et en France il subsiste seulement en deux points de la Provence : dans la vallée de la Durance, au voisinage de Ganagobie, en aval de Sisteron, et aux environs de Marseille.

4° *Ostrya carpinifolia*, Scopoli. — Cet arbre de l'Europe méridionale, où il est très abondant dans le Tyrol, la Carinthie, la Styrie, la Hongrie, la Croatie, l'Italie, la Péninsule balkanique, la Grèce, le Caucase, les îles de Sardaigne, Corse et Sicile, a presque complètement quitté la France, où il ne subsiste plus qu'en certains points des Basses-Alpes et des Alpes-Maritimes.

5° *Styrax officinale.* — Cet arbre se trouve à peu près dans le même cas que le précédent. Confiné presque exclusivement en Dalmatie, en Grèce et dans les îles de Crète et de Rhodes, on le retrouve très abondant sur les montagnes calcaires situées au nord-est de Toulon et nulle autre part en France.

6° *Rhododendron caucasicum.* — Cet arbuste est encore plus caractéristique, si possible. Du Caucase, où il est abondant, on ne le retrouve qu'en Portugal. Il a disparu de toute la région intermédiaire, notamment de la France.

7° *Picea excelsa* (Épicéa). — Ce grand arbre est resté abondant en France, mais il s'y est distribué autrement. C'est ainsi qu'à l'époque quaternaire on le trouvait aux environs de Nancy, à Jarville, avec la marmotte. Actuellement il est confiné dans la zone montagneuse élevée.

Introduit dans les forêts de plaine du Nord-Est, il ne s'y maintient que grâce à la protection de l'homme.

Il ne pourrait, en effet, lutter contre la végétation forestière dicotylédone, plus jeune que lui.

8° *Pinus sylvestris.* — Le Pin sylvestre, comme l'épicéa, a son aire distribuée autrement qu'à l'époque quaternaire. On le trouvait alors abondant aux environs de Troyes en Champagne et dans la vallée du bassin de la Seine. Il en a disparu vers les débuts de l'époque actuelle. On pourrait ainsi citer un grand nombre d'exemples, mais ceux-ci sont largement suffisants pour venir appuyer la thèse de M. Flahault.

Comme tous ces végétaux, le Pin laricio de Salzmann aurait vu rétrécir ou modifier son aire, et, en France, il ne subsisterait plus que dans les points où nous l'avons signalé. Les restes fossiles d'un pin fournis par le tuf quaternaire des environs de Castelnau, près de Montpellier, qui sont des restes indéniables d'un Pin laricio, devraient être attribués au Pin laricio de Salzmann en confirmation de cette hypothèse.

Il est certain, d'autre part, que l'absence de tout témoin isolé sur de grandes étendues, de Bédarieux à Prades par exemple, vient encore à son appui.

Il est difficile d'admettre que de grands massifs boisés aient disparu sur de pareilles surfaces sans laisser de traces.

Il nous semble donc naturel de reconnaître le caractère fossile du Pin laricio de Salzmann.

Ce caractère fossile permet d'expliquer très simplement le rétrécissement de l'aire d'habitation de ce végétal.

Mais il y a également lieu d'ajouter que cette aire déjà si réduite a subi dans l'époque actuelle une diminution considérable par le fait de l'homme.

La description détaillée des différents massifs français qui subsistent encore va apporter des arguments nouveaux à cette assertion.

IV. DESCRIPTION DES DIFFÉRENTS MASSIFS FRANÇAIS DE PIN LARICIO DE SALZMANN.

1° *Station de la Gagnières.* — Cette station est très importante. Elle comprend plusieurs massifs qui, réunis entre eux par des sujets isolés, forment un ensemble d'un millier d'hectares environ. Elle occupe les deux rives de la rivière de Gagnières, de la hauteur de Malbosc à celle de Bessèges. Les principaux massifs sont situés sur les communes de Castillon-de-Gagnières et Bordezac, dans le Gard, et sur les communes de Banne et Saint-Paul-le-Jeune, dans l'Ardèche, la rivière de Gagnières étant précisément la limite des deux départements. Le Pin laricio de Salzmann déborde même sur les territoires de Bessèges (Gard) et de Malbosc (Ardèche).

Les massifs complets y sont d'une certaine importance. Grâce à leur présence, on a pu soumettre autrefois au régime forestier les quatre petites forêts de Castillon-de-Gagnières, d'une contenance de 92 hectares; de Bordezac, 188 hectares; de Banne, 106 hectares; et de Saint-Paul-le-Jeune, 96 hectares; soit un ensemble de 482 hectares, dont la conservation était ainsi assurée. Autour de ces quatre forêts existent de nombreuses propriétés boisées particulières également en Pin laricio de Salzmann, d'une importance au moins égale.

C'est dans la flore de Grenier et Godron qu'on rattache pour la première fois les pins de cette station à la variété de Saint-Guilhem, ou Pin laricio de Salzmann, qui est ainsi décrite à nouveau en 1856.

Pouzols, dans sa *Flore du Gard*, tome II, page 331, paraît n'admettre qu'avec peine cette assimilation. Cela n'est d'ailleurs pas étonnant, les peuplements de la Gagnières, généralement en bien meilleur état de végétation que ceux de Saint-Guilhem, présentent un tout autre aspect.

Vivant à des altitudes qui varient de 200 à 350 mètres, sur un sol constitué par la désagrégation des poudingues siliceux houillers, grès houillers ou grès du trias, et souvent dans des conditions favorables de fraîcheur et d'exposition, il n'est pas rare de le trouver sous l'aspect de beau perchis bien venant, tel que celui représenté sur la vue photographique n° 3, prise dans la forêt communale de Castillon-de-Gagnières. La vue n° 4, prise également dans le même massif, mais sur un point plus clairiéré à la suite d'exploitation, montre un bouquet d'arbres de 15 à 18 mètres de hauteur, facile à vérifier sur la vue, un garde de 1 m. 75 de taille se trouvant près d'un pin qui a neuf fois et demi sa hauteur.

Ces hauteurs de 15 à 20 mètres, correspondant à une circonférence de 1 m. 20, ne sont évidemment pas la règle générale; mais il ne faut pas perdre de vue qu'il s'agit des peuplements

généralement jeunes ne dépassant guère cinquante ans au maximum.

Dans les forêts communales de Banne et de Saint-Paul-le-
Jeune, qui, avec quelques petites propriétés particulières voisines,
constituent le massif connu sous le nom de *Bois des Bartres*, ainsi
désigné sur la carte d'État-major, on rencontre fréquemment de
beaux perchis. Ce massif, dont la vue photographique n° 5 représente l'aspect général aux deuxième et troisième plans en arrière de
la ferme connue sous le nom de *la Cabane*, a une exposition généralement méridionale et malgré cela un sol assez frais. L'aspect est
uniformément celui d'un peuplement bien venant; on trouve par
hectare 4 à 5 pins de 1 m. 20 de circonférence à hauteur d'homme
et de 15 à 18 mètres de hauteur, et 35 de 1 mètre de circonférence
et 12 mètres de hauteur. Le reste du peuplement, qui est très
dense, présente toutes les dimensions.

La forêt communale de Bordezac est celle qui a les peuplements
les plus médiocres. Certains versants mal exposés, à sol très super-
ficiel et à sous-sol compact, sont occupés par des sujets rabougris
rappelant les mauvaises parties de la station de Saint-Guilhem.
D'ailleurs, dans cette forêt, on trouve fréquemment le Pin laricio
de Salzmann remplacé par le chêne rouvre.

Sur la vue photographique n° 5 précitée, on peut voir, à
gauche, sur le versant faisant face à l'opérateur, un exemple de
ces peuplements mal venants.

Toutes voisines des massifs soumis au régime forestier, limi-
trophes même pour la plupart, sont des propriétés particulières.
Situées sur les mêmes sols et dans les mêmes conditions, leur
aspect est généralement le même. On est cependant frappé de loin
par la hauteur de fût des arbres; cela provient de ce que dans les
massifs forestiers communaux l'élagage est naturel, et qu'au contraire, dans les bois particuliers, il est pratiqué par les propriétaires. C'est ce qu'on peut constater sur la vue n° 2, où les troncs
blancs tranchent sur la couleur sombre de la forêt. Cette opé-

ration, sans être conseillée absolument, peut se défendre : d'une part, l'utilisation des bois consiste surtout en étais de mine pour lesquels les tiges bien droites et unies sont préférables; et, en second lieu, l'élagage diminue considérablement les risques d'incendie si à craindre et si sérieux. Nous estimons pour notre part qu'un élagage très modéré, opéré avec prudence, ne peut qu'être profitable aux jeunes perchis.

Les incendies se produisent fréquemment, dévastant des surfaces assez considérables, qu'il est ensuite très difficile de reboiser.

Depuis déjà longtemps cette opération de reboisement des parties vides se poursuit. Jusqu'à présent on a employé pour ce reboisement le Pin maritime. Nous devons reconnaître que cette essence pousse très bien et plus rapidement que le Pin laricio de Salzmann. On est ainsi arrivé à substituer le Pin maritime au Pin laricio de Salzmann sur 9 hectares dans la forêt de Banne, 40 dans celle de Saint-Paul-le-Jeune, 40 également dans celle de Castillon-de-Gagnières. Les particuliers ont suivi l'exemple. Il faut reconnaître qu'il n'y a pas eu là une excellente opération. Déjà on y a complètement renoncé dans les deux forêts de l'Ardèche, et nous espérons qu'on y renoncera également dans le Gard.

Le Pin maritime n'a aucune valeur en raison de la mauvaise qualité de son bois. C'est ainsi que dans les houillères voisines on préfère aux étais en Pin maritime ceux en Pin laricio de Salzmann, qui a une durée et une solidité relativement considérables et en tout cas, en ce qui concerne la durée, supérieure d'un bon quart à celle des étais en Pin maritime.

Enfin, si le Pin maritime pousse plus rapidement, la différence n'est pas très considérable et cet avantage ne saurait compenser l'infériorité résultant de la mauvaise qualité du bois.

Le Pin laricio de Salzmann est, comme nous l'avons dit, uniquement employé en étais de mine. Il a une valeur marchande de 0 fr. 15 le mètre courant sur pied. Les compagnies houillères l'achètent débité, à raison de 0 fr. 35 le mètre, à condition que l'étai mesure au milieu o m. 15. On voit qu'il ne faut pas de trop grands arbres, mais des perches. Il est donc inutile de laisser trop vieillir les peuplements.

Dans les forêts de Banne et Saint-Paul, on exploite les pins surabondants qui ont de 7 à 8 mètres de fût utilisable.

Bien que le peuplement soit assez dense et que le couvert du Pin laricio de Salzmann soit relativement sombre, il y a un sous-bois abondant; ce sous-bois est constitué par le houx, l'amelanchier, la bruyère, la callune, l'arbousier, etc. Il y a également une herbe abondante.

Indépendamment du Pin maritime introduit artificiellement, on rencontre quelques chênes rouvres. Nous n'avons constaté la présence que d'un seul échantillon de Pin sylvestre, d'ailleurs assez bien venant.

Le Pin laricio se régénère très facilement. C'est ainsi qu'il reprend peu à peu possession des terrains d'où les défrichements l'avaient chassé.

Dans cette station, comme dans toutes les autres, nous avons constaté que son plus grand ennemi avait été l'homme, qui a cherché à le remplacer par des châtaigneraies. Beaucoup de ces châtaigneraies sont en médiocre état et souvent abandonnées, en raison de leur faible rendement, par le propriétaire. Immédiatement les semis naturels de Pin laricio de Salzmann viennent couvrir le sol, qui est ainsi rendu à son ancien occupant. Il est probable d'ailleurs que, dans un avenir encore lointain, lorsque, les houillères du Gard et de la basse Ardèche étant épuisées, le pays se dépeuplera, le Pin laricio de Salzmann réoccupera tous les terrains vides et que son aire s'étendra dans d'assez grandes proportions.

En dernier lieu, nous devons mentionner la présence dans ce massif, comme dans tous les massifs résineux méridionaux, de quelques bourses de Processionnaires; mais ces bourses sont très clairsemées et, malgré l'existence dans la région de cet insecte depuis plusieurs années, il ne se développe pas, ne prend jamais le caractère d'invasion et en définitive ne cause aucun dégât.

2° *Station du col d'Uglas.* — Située à 12 kilomètres à l'ouest d'Alais, mais dans une région sans voie d'accès jusque dans ces dernières années, cette station a été signalée pour la première fois en 1897, par M. Fabre, inspecteur des eaux et forêts à Nîmes. C'est de toutes les stations de Pin laricio de Salzmann la moins importante, celle qui évidemment a été la plus réduite par l'action humaine. Aussi le peuplement n'y est-il pas constitué par un massif compact, mais par des bouquets plus ou moins denses couronnant généralement les mamelons arrondis des contreforts des Cévennes. Les hameaux et fermes abondent dans la région : un d'eux a même conservé le nom significatif de *la Forêt*. Autour de ces fermes s'est opéré le défrichement, qui continue d'ailleurs tous les jours. Sauf en de rares points réservés à des céréales de second ordre, le Pin laricio de Salzmann est remplacé par le châtaignier, véritable ressource de toute la région, où il vient et fructifie admirablement. Parfois, au milieu des châtaigniers, on rencontre isolé un Pin laricio de Salzmann en bon état de végétation, témoin de l'ancien peuplement. Celui-ci, relégué vers les parties élevées, ne subsiste que sur le versant Sud de la chaîne montagneuse séparant la vallée du Galeizon de la vallée du Gardon de Mialet. La vue n° 6 ci-jointe montre au-dessus du hameau de l'Aigladine, à l'arrière-plan, le col d'Uglas et la crête séparative des vallées avec des bouquets de pins se détachant sur le ciel; à gauche, le mamelon des Figasses, à 659 mètres d'altitude, entièrement couronné de pins; à droite, le roc des Fages, à 700 mètres d'altitude, occupé par un bois de chênes verts, et au premier plan au-dessus du hameau le mamelon des Combes, où on voit, nettement indiqué par des lignes droites, le défrichement des pins et leur remplacement par des châtaigniers.

Le sol de toute cette région est du grès du trias. Le Pin laricio y affecte son aspect habituel; tortueux et sans hauteur sur des sols très superficiels, avec une roche compacte comme sous-sol, bien venant au contraire et filant droit dès que le terrain est plus favorable.

Il est intéressant de constater que le peuplement voisin, à l'est, avec lequel le Pin laricio de Salzmann se fusionne même un peu, est constitué en chêne vert, tandis que vers l'ouest il n'y a que du châtaignier, essence introduite. D'ailleurs, le chêne vert vient pousser en sous-bois pour ainsi dire, au milieu des Pins de Salzmann, ayant à côté de lui de la callune, des cistes de Montpellier, espèce essentiellement méditerranéenne, des fougères, etc. Un autre fait, également intéressant, est la présence à l'état spontané, mais sur les parties les plus élevées, du Pin sylvestre; il y est même assez abondant, mais dans un triste état de végétation, tandis que sur les mêmes points et tout à côté, les Pins laricios de Salzmann viennent bien, ou plutôt viendraient bien si les propriétaires ne se livraient, d'une façon aussi abusive que mauvaise pour la venue des pins, à un élagage démesuré. La vue n° 8 ci-jointe est significative à cet égard. Au dernier plan, sur la crête et sur son versant Sud, on voit les pins avec leur tige droite élaguée; mais au premier, se détache, absolument droit, un Laricio de Salzmann de 11 à 12 mètres de hauteur complètement ébranché. Une mince touffe a seule été réservée sur les deux derniers mètres du sommet. Sur la gauche de ce Laricio de Salzmann, il y a un Pin sylvestre du même âge et de hauteur moitié moindre.

Précisément à côté de ces arbres a eu lieu un abatage, préface de défrichement d'un petit massif de Pins laricios de Salzmann avec quelques Pins sylvestres. Les arbres abattus gisaient sur le sol lors de notre tournée; nous avons donc pu prendre quelques mesures.

Pour des sujets de soixante-dix à quatre-vingts ans, nous avons trouvé des Laricios de Salzmann de 0 m. 30 à 0 m. 35 de diamètre, tandis que les Pins sylvestres n'avaient que de 0 m. 15 à 0 m. 20. Les vues n°s 7 et 7 *bis* montrent des pins de cet âge.

Il est incontestable et d'ailleurs naturel que le Pin laricio de Salzmann est plus à sa place en ce point que le Pin sylvestre.

Enfin, il y a lieu de mentionner la présence en cette région de quelques bourses de Processionnaires du pin; mais la presque totalité est située sur les Pins sylvestres.

La surface occupée par le Pin laricio de Salzmann est d'environ une centaine d'hectares actuellement, mais la présence de sujets isolés permet d'affirmer que, il y a encore peu de temps, cette surface était de plusieurs centaines d'hectares. Comme, d'autre part, il s'agit ici de propriétés particulières, où les défrichements s'opèrent tous les jours, on doit prévoir, dans un délai plus ou moins long, la disparition de cette intéressante station, véritable étape entre la station de Gagnières et celle de Saint-Guilhem.

3° *Station de Saint-Guilhem-le-Désert.* — C'est la première station connue, ou pour mieux dire étudiée. Signalée d'abord par Salzmann, puis décrite par Dunal en 1851, l'espèce a longtemps conservé le nom de la localité et est encore souvent appelée *Pin de Saint-Guilhem.* C'est en effet dans la commune de Saint-Guilhem-le-Désert que se trouve la partie principale et caractéristique du massif.

Cette station comprend un grand massif central avec trois rayonnements.

Le massif central occupe le plateau formé par les collines de la rive droite de l'Hérault, à l'endroit où ce petit fleuve, vers le milieu de son cours, forme une courbe prononcée en demi-cercle vers l'ouest. Il est situé sur le territoire des communes de Saint-Guilhem-le-Désert, Montpeyroux et Saint-Jean-de-Fos.

Un premier rayonnement du massif a lieu dans la direction Nord, vers Pégayrolles-de-Buège, en suivant les ondulations du plateau.

Au nord-ouest, le Pin de Salzmann est arrêté sur les contreforts du Larzac, plateau froid et désertique.

A l'est, il ne subsiste plus que des traces représentées par des pieds isolés, épars dans les bois de Montarnaud.

Enfin, vers le sud-ouest, se trouve le grand rayonnement, manifesté encore par la présence d'arbres isolés et petits bouquets, entre Mourèze et Bédarieux.

Il y avait là autrefois un massif d'une grande étendue. Le peuplement central de Saint-Guilhem se trouve séparé des rayonnements de Montarnaud et de Mourèze-Bédarieux par les vallées cultivées et riches de l'Hérault, entre Aniane et Gignac, et de la Lergue vers Clermont-l'Hérault. Il est tout naturel d'admettre que les Pins de Salzmann ont dû disparaître de ces vallées par l'action déjà fort ancienne du défrichement et être remplacés par la culture agricole.

D'autre part, le pâturage l'a relégué peu à peu sur les terrains les plus pauvres. On ne le trouve plus que sur les dolomies.

C'est ainsi que dans la région Mourèze-Bédarieux il n'occupe que ces terrains, sauf cependant autour de l'ancien volcan de Courbezon, où quelques beaux perchis ont subsisté miraculeusement sur des alluvions pliocènes. Dans cette région Mourèze-Bédarieux, à part les environs de volcan de Courbezon, on ne trouve guère que des pieds isolés, généralement rabougris et disséminés un peu partout.

Il est impossible, en raison de la dissémination des sujets, de déterminer une surface quelconque, aussi bien pour la région Mourèze-Bédarieux que pour celle de Montarnaud. Il n'en est pas de même pour le massif central de Saint-Guilhem.

Ce massif vivant tout entier sur des calcaires dolomitiques, se réduisant facilement en sable de l'oolithe inférieure, et sur calcaire oxfordien, comprend d'abord 780 hectares domaniaux sur la commune de Saint-Guilhem à l'état pur, 100 hectares environ de bois particuliers sur la même commune et vers Pégayrolles-de-Buèges, et enfin une centaine d'hectares sur le territoire des communes de Montpeyroux et de Saint-Jean-de-Fos, où il vit en mélange avec le

chêne vert. Si à ces surfaces on ajoute celles des vacants communaux de Saint-Guilhem où il déborde, on arrive à un millier d'hectares environ d'un seul tenant.

C'est de tous les massifs connus le moins bien venant. Le peuplement a un aspect rabougri caractéristique. Les arbres sont petits,
tourmentés, tortueux. Quand le sous-sol a une faible profondeur
(ce qui est sur la majeure partie), les arbres ne dépassent guère
4 à 5 mètres de hauteur, laissant l'impression de sujets ma-
lades et dépérissants. C'est à ce mauvais état de végétation qu'est
due la description qui fait du Pin laricio de Salzmann un arbre « peu
élevé, à tige irrégulière, à cime diffuse et étalée, à branches horizontales ». La description s'applique bien au massif de Saint-
Guilhem, ainsi que le démontre la vue n° 9, mais non à l'essence, qui, nous le savons, a dans les bons sols une tige absolument droite, une cime franchement pyramidale avec des branches
se redressant souvent vers le ciel.

Même à Saint-Guilhem, d'ailleurs, le peuplement n'a pas toujours
cet aspect désolant. Dans les fonds, sur les versants frais et bien
exposés, on trouve parfois de petits bouquets en meilleur état de
végétation. Les tiges sont plus droites, la cime est moins diffuse;
les sujets arrivent à atteindre 10 mètres de hauteur et même parfois, mais très rarement, à les dépasser un peu. La circonférence
peut également atteindre 1 mètre de tour.

La vue n° 9 représente une des parties les plus laides, ou, pour
mieux dire, les plus mauvaises.

Mais quelle différence avec les perchis de Castillon-de-Gagnières,
et cependant à Saint-Guilhem-le-Désert le massif est bien plus
âgé.

On doit attribuer cette différence uniquement à l'état du sol,
qui est franchement mauvais. La roche nue affleure partout. Là où
on trouve un peu de terre, les blocs erratiques épars viennent encore diminuer sa surface. Malgré cela, sur ces sols si maigres vit
une abondante végétation méditerranéenne : le pistachier lentisque,

le cytise à feuille sessile, la lavande, le romarin, etc., associés au buis, à la bruyère, au chèvrefeuille. Il y a également une herbe abondante.

Nous retrouvons également dans cette station le chêne vert associé au Pin laricio de Salzmann; seulement, en raison de la mauvaise végétation de ce dernier, le chêne vert n'est plus à l'état dominé.

Cette mauvaise végétation est enfin cause de l'inutilisation complète des arbres. Il ne vaut rien comme bois d'œuvre, en raison de ses petites dimensions et de ses formes défectueuses, et comme chauffage on lui préfère de beaucoup, et à juste titre, le chêne vert très abondant dans la région.

Nous avons constaté la présence de bourses de Processionnaire, comme dans les peuplements des stations précédentes et décrites; mais elles sont relativement peu nombreuses, bien que l'invasion existe depuis plusieurs années, et le peuplement n'en souffre pas.

La forêt proprement dite de Saint-Guilhem, d'une contenance de 780 hectares, constituait une charge pour la commune propriétaire de Saint-Guilhem-le-Désert, qui demandait continuellement son défrichement. L'État, pour assurer la conservation de ce massif boisé, qui joue un rôle important sur la distribution des eaux de la région, l'a acheté à la commune.

4° *Station du Conflent.* — C'est dans Conflent, aux environs de Prades (Pyrénées-Orientales), que se trouve la plus importante station de Pin laricio de Salzmann, et cette station a été la dernière signalée. La surface totale des massifs n'est cependant pas inférieure à 1,400 hectares.

Companyo, dans son *Histoire naturelle du département des Pyrénées-Orientales*, page 615, tome II, parle bien de la présence du Pin laricio dans le département, mais, d'une part, il croit avoir affaire au type de l'espèce, et d'autre part, il le signale comme introduit depuis peu. Enfin, il commet des erreurs telles sur les localités, qu'il semble constant qu'il n'avait pas en vue les massifs dont nous allons faire la description.

C'est en 1890, peu après notre arrivée dans le département, que nous avons reconnu l'existence de ces massifs. A l'origine, trompé par les descriptions erronées des diverses flores, dues d'ailleurs à l'incertitude causée par les affirmations de Lapeyrouse, nous avions cru pouvoir indiquer l'existence d'une nouvelle variété de laricio, intermédiaire entre le Pin laricio de Salzmann et le Pin des Pyrénées de Lapeyrouse; mais ensuite, grâce à des recherches plus approfondies, à des comparaisons, et conformément à l'opinion de M. Flahault, nous avons reconnu la parfaite identité du Pin laricio du Conflent et du Pin laricio de Salzmann.

La station de Pin laricio de Salzmann du Conflent comprend deux groupes de massifs distincts. Le premier groupe, que nous appellerons *groupe d'Aytua*, est le plus à l'ouest; c'est également le plus élevé en altitude. Le second, éloigné de 10 kilomètres environ, à vol d'oiseau vers l'est, et que nous dénommerons *groupe des Masos*, est à une altitude moitié moindre. Tous les deux sont constitués par des massifs suffisamment rapprochés pour qu'on puisse, à juste titre, les réunir ensemble. Ils sont séparés par une région identique et qui a certainement été couverte par des forêts de pins, ainsi que le témoignent d'ailleurs des arbres isolés subsistant çà et là. Enfin, tout cet ensemble de terrains est formé par les boues glaciaires, grandes moraines descendues des massifs du Canigou, de Costabone et de la haute vallée de Mantet, profondément échancrées elles-mêmes par des ravins secondaires.

La végétation de cette région est essentiellement méditerranéenne. A côté des pins, on trouve en abondance dans le groupe le moins élevé : *Lavandula stœchas, Thymus vulgaris, Genista scorpius, Bupleurum fruticosum, Helianthemum umbellatum, Cistus monspeliensis*, etc., et dans le groupe le plus élevé, celui d'Aytua :

Calluna vulgaris, *Genista scorpius*, *Cistus laurifolius*, *Lavandula stœchas*, etc.

Les vides ont été occupés par des vignobles florissants, qu'on reconstitue en partie, ou par des plantations d'olivier, mais celles-ci seulement dans le groupe de l'Est ou des Masos.

Le groupe Ouest, ou d'Aytua[1], est tout entier situé sur des moraines à sol peu profond, à sous-sol généralement très compact et profondément raviné. Le pin vit sur les rives de divers torrents.

Un premier massif se trouve d'abord au milieu des précipices formés par les grandes érosions existant sur la rive gauche de la Baillemarsane.

Le Pin laricio de Salzmann a, dans ce canton très voisin du village d'Escaro, complètement disparu des parties accessibles, et ses seuls représentants se trouvent sur les flancs des berges ou au sommet des demoiselles inaccessibles des torrents de l'Ourtal et du Bac de las Planes. Ce canton, compris dans un périmètre obligatoire de reboisement, a été repeuplé entièrement en Pin maritime et en Pin noir d'Autriche, il y a une quinzaine d'années. Mais ces essences, après avoir végété pendant une dizaine d'années, sont mortes peu à peu et actuellement ont presque entièrement disparu. Depuis trois ans nous reboisons en Pin laricio de Salzmann indigène. Dans cette partie élevée et exposée à l'est, le sous-bois est constitué presque exclusivement par le ciste à feuille de laurier.

Sur la rive droite de la Baillemarsane viennent aboutir différents ravins qui traversent une région couverte d'un peuplement assez complet de Pin laricio de Salzmann. Ces ravins ont une direction Est-Ouest et par conséquent leurs berges ont les expositions Nord et Sud. Sur les expositions Sud, le peuplement de Pin laricio de Salzmann est chétif, les sujets sont tourmentés, avec des feuilles courtes et jaunâtres; le couvert est clair. Il a tout à fait l'aspect des massifs de Saint-Guilhem-le-Désert.

[1] Vues nᵒˢ 11 à 17.

Sur les versants Nord, au contraire[1], le peuplement est dense, bien venant; les aiguilles, d'un vert franc, sont longues et flexibles. Le massif se continue dans cet état jusqu'au col de Fines, un peu en amont du village d'Aytua.

En ce point, la moraine cède la place à des terres argilo-schisteuses, marneuses par places. Sur le versant Ouest de ce col, on remarque la présence de quelques vieux arbres d'une centaine d'années, vestiges d'un ancien massif. Ces arbres, assez beaux, ont de 15 à 20 mètres de hauteur. En face d'Aytua, sur la pointe qui s'avance entre la rivière d'Aytua et la Baillemarsane, au-dessous du chemin d'Aytua à Escaro, on retrouve encore les Pins laricio de Salzmann. Mais dans cette région beaucoup de propriétaires ont, il y a une trentaine d'années, défriché les pins pour les remplacer par des châtaigniers. Ces plantations, effectuées en des sols aussi maigres, n'ont donné que des produits insignifiants; les Pins laricio de Salzmann se sont ressemés naturellement et ils prennent peu à peu la place des châtaigniers. L'opération était d'autant moins justifiée que les peuplements existants et conservés en ces points sont dans des conditions de végétation très satisfaisantes.

Il est certain qu'autrefois toute la vallée moyenne de la Baillemarsane était occupée par les pins, qui s'étendaient même dans la vallée du Saint-Coulgat vers l'Ouest.

Celle-ci est constituée par des terrains schisteux, sauf sur une partie où la moraine d'Escaro déborde. Cette portion de moraine est, à l'heure actuelle, complètement déboisée, mais, en faisant effectuer des travaux de plantation, nous avons retrouvé plusieurs places à charbon avec de nombreux débris très facilement déterminables, bien conservés, et que nous avons reconnus pour être du charbon de bois de pin. La disparition de ce massif est donc toute récente.

La partie de la vallée de la Baillemarsane occupée par le Pin

[1] Vues nᵒˢ 12, 13 et 13 *bis*.

laricio de Salzmann représente une surface de 150 hectares environ.
L'altitude varie de 650 à 1,000 mètres.

Immédiatement à l'est de la vallée de la Baillemarsane se trouve
celle de la Bailloubère. Cette vallée a été entièrement peuplée de
Pin laricio de Salzmann. On y trouve à peu près partout des échantillons isolés, et il y a encore les deux tiers du bassin, soit tout le
bassin moyen et presque tout le bassin supérieur couverts de massifs
pleins. Tout à fait à l'origine de la Baillouhère, une assez grande
surface a été défrichée pour faire place à la culture des céréales.
Le sol occupé par les pins est tout entier morainique. Mais il est
un peu plus profond que celui de la vallée de la Baillemarsane.
D'autre part, l'exposition générale de la vallée de la Baillouhère est
plein Nord.

Les peuplements y sont donc généralement bien venants et ne
présentent pas l'aspect rabougri. Leur surface peut être évaluée à
250 hectares. L'altitude de ce massif varie de 650 à 900 mètres.
La vue photographique n° 12 représente la vallée de las Garbères,
affluent principal de la Baillouhère.

En allant toujours vers l'est, on passe de la vallée de la Baillouhère dans la vallée de la Roja ou rivière de Fuilla. Nous négli-
gerons le bassin supérieur de ce cours d'eau, qui se trouve à des
altitudes trop élevées dans la région alpine et subalpine. Ce n'est
guère qu'à partir de Sahorre que nous trouverons sur les deux versants du bassin des peuplements de Pin laricio de Salzmann. Les
plus importants sont ceux de la rive gauche. Cette rive s'étend
beaucoup plus loin, la colline s'élevant plus haut.

Les pins apparaissent d'abord dans le ravin de Resteillins, principal affluent de la rivière de la Roja, limite séparative des communes de Sahorre et de Fuilla, limite également entre les terrains
schisteux et la moraine, celle-ci étant, sur la rive gauche, exposée
au sud; sur la rive droite, exposée au nord, il n'y a que des pins
disséminés, mais tous sont jeunes et de belle venue, au milieu de
bouquets de châtaigniers. Comme à Aytua, on a dû introduire cette

essence après une coupe rase de pins; mais on n'a pu empêcher
le semis spontané d'un certain nombre de sujets sur la rive gauche
de Resteillins, par conséquent d'une exposition en général méridionale. Ce peuplement est uniquement constitué en Pin laricio
de Salzmann.

· Cette rive est complètement morainique et le massif résineux y a
un aspect très divers: tantôt bien venant, tantôt chétif et tourmenté,
suivant qu'il se trouve sur des bas-fonds avec une exposition tendant à l'est, ou vers les hauteurs avec une exposition tendant
à l'ouest. En arrivant sur la crête séparative de ce torrent et du
torrent voisin de Soulas-Paurens, on trouve le peuplement de plus
en plus rabougri et même clairiéré. La vue n° 14, prise sur le
sommet de las Garbères, à 1,000 mètres d'altitude, est caractéristique à cet égard. On peut même y voir des pins affectant le caractère buissonnant.

Après le ravin de Resteillins, il y a encore toute une série de
ravins ayant profondément encaissé leur lit dans la moraine, affluents
de gauche de la rivière de Roja dont les deux berges sont couvertes
de Pin laricio de Salzmann. Ces ravins sont ceux de Soulas-Paurens,
de Pauparem-de-Gilamy, du Bac, de la Pinouse, de Mauré et de
Gaboxa.

Le peuplement résineux a une limite inférieure nettement définie,
un canal d'arrosage construit à l'altitude de 550 mètres environ et
qui prend naissance à la hauteur de Sahorre pour finir un peu
en amont de Villefranche. Les propriétaires ont très justement
défriché au-dessous de ce canal, pour remplacer la forêt par une
culture agricole très productive. Au-dessus du canal, le massif de
pins présente toujours la même alternance de peuplements, chétifs
ou bien venants, suivant qu'ils sont sur les rives exposées au midi
ou au nord.

Nous avons pris une vue des massifs occupant les deux rives du
ravin de la Pinouse, dont le nom indique suffisamment l'ancienneté
des massifs. Cette vue représente bien l'état des massifs de chaque

ravin. Sur la rive gauche, des peuplements bien venants, avec des sujets élégants, vigoureux, de 15 à 20 mètres de hauteur, de 1 mètre à 1 m. 40 de circonférence, avec feuillage sombre; sur la rive droite, des arbres sans vigueur, de 4 à 5 mètres de hauteur, à feuillage grêle et jaunâtre.

Les massifs résineux de la rive gauche de la rivière de Roja, d'une étendue de 300 hectares environ, occupent des terrains situés entre 550 et 1,000 mètres d'altitude.

Sur la rive droite de la rivière de Roja se trouve d'abord, au-dessus de Sahorre, un petit massif insignifiant, reste évident d'un peuplement important qui a dû être défriché, mais où les sujets existants sont en bon état; ce massif est à 850 mètres environ d'altitude et se trouve en terrain schisteux.

Plus loin, en descendant suivant la rive droite, on trouve un massif d'un seul tenant, compact, avec des sujets assez vieux et d'un assez bon état de végétation. Ce massif occupe tout le versant de la colline, tout entière morainique, de la crête aux terrains cultivés qui bordent la rivière, à partir du point où le chemin de Sahorre à Vernet coupe la crête (785 mètres d'altitude) jusqu'au col de la Clotte (630 mètres). La contenance de ce massif est de 50 hectares environ, ce qui donne 350 hectares dans la vallée de Fuilla, et par suite 750 hectares pour tout le groupe d'Aytua.

De la vallée de Fuilla, on passe, en allant à l'est, successivement dans les vallées de Vernet, du Mardé et de Taurinya. Ces trois vallées ont tout leur bassin inférieur dans la moraine. Mais cette moraine a été complètement déboisée. Cependant, comme nous le disions plus haut, la présence de quelques rares sujets isolés de Pin laricio de Salzmann prouve bien que cette essence occupait autrefois le sol.

A la suite de la vallée de Taurinya se trouvent les vallées du Llescou, de la rivière des Masos et de la Coume d'Espira. C'est disséminés dans ces trois vallées que se trouvent les massifs de Pin laricio de Salzmann formant le groupe des Masos.

Dans le bassin du Llescou, on trouve un massif assez dense sur la rive droite, entre les hameaux de Sacristie et de Villerach. Ce massif a des arbres de moyenne venue; l'altitude varie de 400 à 565 mètres. Le sol est toujours morainique. Mais, faisant face à Villerach, existe un second massif de faible étendue sur des schistes argileux. Les arbres y sont très bien venants. Nous en avons mesuré plusieurs de 18 à 20 mètres de hauteur.

C'est dans le bassin de la rivière des Masos que se trouve le plus beau peuplement que nous connaissions en Pin laricio de Salzmann. Il occupe la rive gauche du ravin du Roure et déborde un peu sur la rive droite. Il est peu étendu, il est vrai, mais en revanche la régularité des arbres, leur ampleur, leur belle venue frappent l'observateur. Le mot de Lapeyrouse « arbre majestueux » devient ici applicable. Le massif n'a cependant que 80 à 90 ans. Le couvert est épais et la couverture morte abondante. Il ne pousse presque aucun mort-bois. C'est la vraie forêt de haute futaie. Nous sommes d'ailleurs sur la limite de la moraine; les terrains schisteux viennent se confondre avec elle. En amont, on a dû détruire autrefois la forêt de pin et la remplacer par le châtaignier ou les cultures. Mais celles-ci ont dû céder la place au chêne rouvre, qui envahit tout. Néanmoins on rencontre encore fréquemment des échantillons isolés de Pin laricio de Salzmann.

En aval de ce massif, dans la direction des Masos, tout a été défriché pour faire place à la culture de la vigne; et comme celle-ci a été détruite par le phylloxéra et rarement replantée, il y a de grands espaces incultes. Là se fait sentir l'influence du déboisement. De grands ravins se sont formés; les terres, sans point d'appui, sont entraînées à chaque orage.

Le bouleversement a été sur certains points si grand, qu'on peut encore voir les ruines d'une église en trois parties distinctes. La partie centrale, séparée des deux autres par des crevasses de plus de un mètre de largeur, est à peu près verticale, mais les pans de murs des deux côtés s'inclinent l'un à droite, l'autre à gauche, et ne restent debout que grâce à l'épaisseur de la maçonnerie, qui dépasse un mètre. Il importerait de reboiser ces terrains et de réinstaller la végétation forestière aussitôt que possible.

On retrouve les massifs de Pin laricio de Salzmann sur la crête séparative des vallées de la rivière des Masos et de la coume d'Espira, ainsi que sur les deux versants de ce dernier cours d'eau. Les peuplements couvrent les berges de tous les affluents secondaires de ces deux torrents, toujours sur des terrains morainiques. Malheureusement ces massifs sont tous dans un état déplorable, non à cause de la mauvaise qualité du sol, mais par suite des abus dont ils sont victimes. Ils appartiennent à des particuliers et l'on y fait des exploitations abusives : on élague d'une façon exagérée, on soumet le sol à un pâturage intensif et, chose plus grave, des incendies parcourent régulièrement les peuplements. L'élagage, qui aurait pour excuse le désir de se protéger contre l'incendie, est, en réalité, pratiqué dans un tout autre but : les jeunes branches coupées fournissent une nourriture médiocre, mais cependant acceptée par les troupeaux de moutons. C'est également à cause du pâturage que naissent tous les incendies. Grâce à l'élagage, ces incendies ne font que peu de dommages au peuplement lui-même; cependant, malgré tout, chaque incendie cause un dommage réel en supprimant les jeunes semis, et la régénération du massif se trouve compromise.

Actuellement, le groupe de peuplements de Pin laricio de Salzmann, dit *des Masos*, couvre encore de 600 à 700 hectares de terrain, et l'altitude de celui-ci varie de 300 à 600 mètres.

Il est regrettable que, par suite des abus que nous venons de signaler et qui sont inévitables, eu égard à la nature du propriétaire des peuplements, ceux-ci soient appelés à disparaître dans un délai plus ou moins court.

En résumé, l'ensemble des peuplements de Pin laricio de Salzmann dans les Pyrénées-Orientales couvre de 1,400 à 1,500 hectares. Cette espèce occupe presque exclusivement des terrains morainiques, et ce n'est qu'accidentellement qu'il apparaît sur des fonds plus fertiles, où il a été en somme oublié par les défricheurs. Il vit à l'état pur dans des conditions satisfaisantes et en mélange avec le chêne rouvre dans les parties les plus basses.

Comme partout ailleurs, il est attaqué d'une manière insignifiante par la chenille de la Processionnaire du pin, et comme partout il supporte ces attaques sans subir de dommages appréciables. Ce fait est d'autant plus intéressant dans la région, que des massifs naturels de Pin sylvestre ou de Pin à crochets souffrent beaucoup.

Enfin, étant donnés les quelques témoins qui subsistent encore, on peut évaluer à 3,000 hectares environ l'étendue des anciens terrains déboisés.

V. REBOISEMENTS EN PIN LARICIO DE SALZMANN.

Avant de clore ce travail, il nous paraît indispensable de signaler les résultats qu'ont donnés les reboisements en cette essence. Ces reboisements sont trop jeunes encore pour qu'on puisse tirer des conclusions définitives, mais il serait injuste de ne pas tenir compte des faits acquis dès maintenant.

Dans l'Ardèche, quelques particuliers et quelques communes ont utilisé les graines provenant des peuplements du bois des Bartres, station de la Gagnières. C'est ainsi que quelques reboisements facultatifs ont été exécutés aux environs de Privas, à Ucel, canton d'Aubenas, sur 18 hectares environ, à 320 mètres d'altitude, sur sol granitique; à Vesseaux, canton d'Aubenas, sur 4 hectares, à 400 mètres d'altitude, sur des grès; à Saint-André-le-Champ, canton de Joyeuse, sur 6 hectares, à 880 mètres d'altitude, sur des schistes; à Gravières, sur 5 hectares, à 300 mètres d'altitude, également sur des schistes, et en divers autres points.

Les âges de ces reboisements varient de vingt à trente-cinq ans. Ils sont tous bien venants; la hauteur moyenne des massifs est de 5 mètres pour les plus jeunes et de 7 pour les plus âgés, avec des diamètres correspondants de 16 à 25 centimètres. Ce sont donc de jeunes perchis pleins de promesses pour l'avenir. Nous ne saurions d'ailleurs mieux faire que de donner l'avis de l'agent forestier, M. Couteaud, garde général des eaux et forêts à Aubenas, qui les a dans son cantonnement :

« Partout, nous écrit-il, le Pin laricio de Salzmann paraît devoir donner de très bons résultats. Sur tous les points où il est employé, on le rencontre vigoureux et droit; à mon avis, on devrait le propager dans les régions tempérées, à la place du Pin noir, qui vient moins bien et qui est un véritable nid à chenilles. »

Dans l'Hérault, il existe une cinquantaine d'hectares de jeunes peuplements de cette essence dans les reboisements de Lodève, région de Soubès. Ces reboisements, effectués sur les indications de M. Thériat, ancien conservateur des eaux et forêts à Nîmes, sont en bon état de végétation.

Dans l'Aude, il est en très bon état sur les calcaires du périmètre de Rialsesse.

Enfin, dans les Pyrénées-Orientales, le Pin laricio de Salzmann est employé, mais depuis une époque plus rapprochée. Il n'y a que trois ans que nous le plantons sur de grandes surfaces. M. Bouer, alors qu'il était chef du service des reboisements de la Tet, l'avait fait semer en mélange avec du Pin noir sur une dizaine d'hectares de la série de Villefranche, à 800 mètres d'altitude environ.

Ces semis ont été effectués par potets en 1883 et 1884. Les potets de Pin noir et de Pin laricio de Salzmann étaient intercalés.

Les graines de Pin laricio de Salzmann provenaient de Saint-Guilhem. L'aspect des peuplements est différent suivant que le sol est bon ou médiocre; celui-ci est calcaire, étant constitué par un sous-sol de calcaire dévonien. Mais, que ce soit en bon sol ou en sol médiocre, le Pin laricio de Salzmann s'est jusqu'à présent aussi bien, sinon mieux comporté que le Pin noir.

Nous avons pris deux vues de ces massifs et nous avons placé dans le champ de la vue un brigadier et un garde de 1 mètre 75 de taille environ, le garde à côté d'un Pin noir, et le brigadier à côté d'un Pin laricio de Salzmann.

La vue n° 19 montre notamment la bien plus grande végétation de ce dernier pin. Tandis que le Pin noir a de 3 mètres à 3 m. 50 de hauteur, le Pin laricio de Salzmann a de 4 à 5 mètres de hauteur, ce qui est évidemment remarquable pour un semis de 15 ans environ.

On ne sait évidemment pas ce que l'avenir réserve à ces jeunes peuplements, mais il faut reconnaître que le début est bien fait pour encourager.

Nous espérons que cette étude d'une espèce à peu près inconnue jusqu'à ce jour sera de quelque intérêt pour les botanistes et surtout les forestiers.

Nous n'avons pas tenté une réhabilitation du Pin laricio de Salzmann, mais une remise au point et la rectification d'erreurs provenant de ce que la seule station réellement connue à ce jour était celle de Saint-Guilhem, où l'arbre se trouve dans les plus mauvaises conditions possible.

En réalité, le Pin laricio de Salzmann est une espèce essentiellement méditerranéenne, remarquablement rustique et peu exigeante à tous les points de vue. Il vit sur tous les sols, aussi bien granitiques que calcaires, argileux que siliceux.

Essence vraisemblablement fossile, elle a traversé plusieurs périodes géologiques pour être cantonnée dans les terrains les plus médiocres, et l'action humaine a aidé pour une part sensible à ce fait en défrichant toutes les parties fertiles où elle subsistait; ce défrichement surtout dû à ce que son aire d'habitation est très basse pour un conifère français, puisqu'elle n'atteint que très rarement 1,000 mètres et qu'on le trouve en excellent état aux altitudes de 200 à 300 mètres et aux plus basses latitudes de la France.

Par son accommodement à tous les terrains, par son habitat méridional, par sa résistance aux maladies et aux insectes. cette essence

paraît susceptible de rendre de précieux services dans les travaux
de reboisement, et les résultats acquis à ce jour viennent confirmer
cette assertion. On voit donc qu'indépendamment du grand intérêt
botanique qu'il présente, le Pin laricio de Salzmann reste une espèce
utile et à conserver.

I. — 1. Pin sylvestre, aiguilles courtes et grêles, cônes petits. — 2. Pin à crochets, aiguilles courtes et trapues, cônes petits. — 3. Pin maritime, aiguilles longues et fortes, cônes gros. — 4. Pin laricio de Corse, aiguilles moyennes grêles et recroquevillées, cônes moyens. — 5. Pin laricio noir d'Autriche, aiguilles moyennes et fortes, cônes moyens. — 6. Pin laricio de Salzmann, aiguilles longues et fines, cônes moyens.

II. — Bois particulier a Castillon (Gard). Pins de Salzmann élagués.

III. — Forêt communale de Castillon (Gard). Elagage naturel.

IV. — Forêt de Castillon de Gagnières.

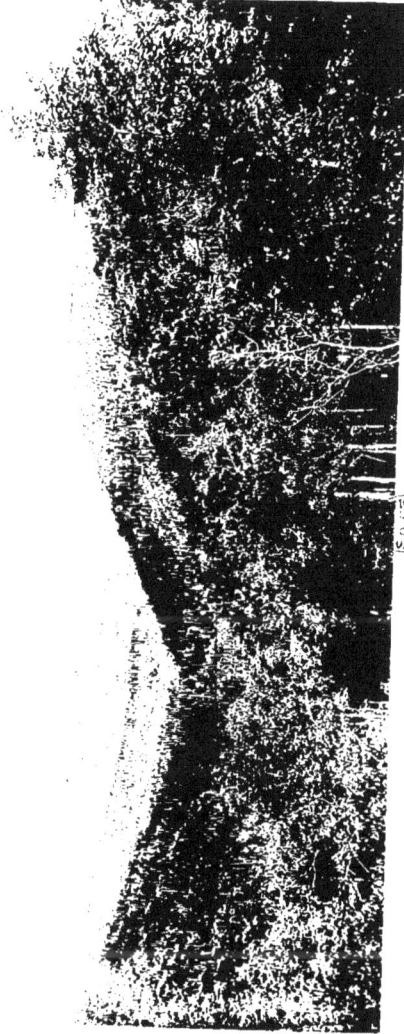

V. — Région boisée en pin de Salzmann sur les rives de la Gagnières.

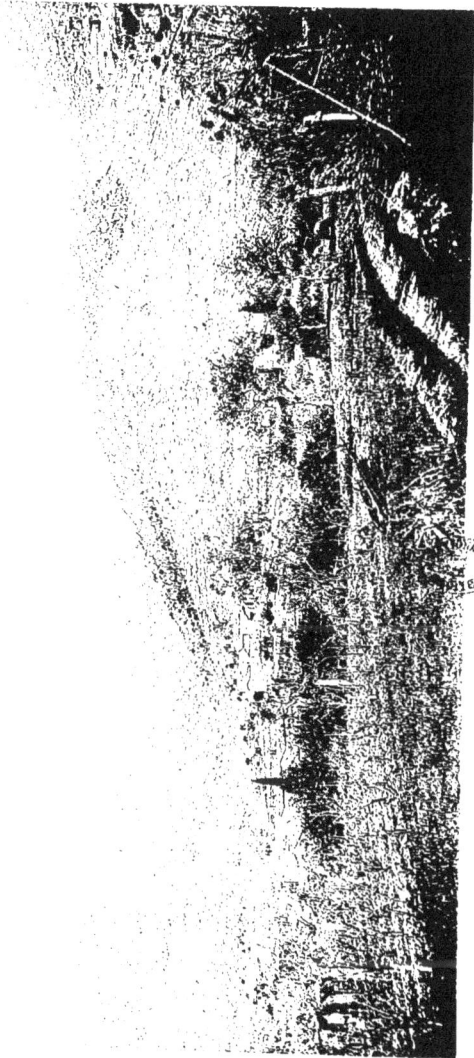

VI. — Forêt de pins de Salzmann du col d'Uglas (Gard).

VII & VII *bis*. — Forêt du Col d'Uglas. Peuplement de 60 à 90 ans.

VIII. — Forêt du Col d'Uglas. Pin de Salzmann élagué et pin sylvestre de même âge.

IX. — Forêt de Saint-Guilhem-le-Désert. Peuplement rabougri.

X. — Forêt de Saint-Guilhem. Pins d'assez belle venue.

XI. — Fins de moyenne venue entre les rivières d'Aytua et d'Escaro (Pyrénées-Orientales).

XII. — TORRENT DE LAS GARBÈRES (Pyrénées-Orientales). Peuplement bien venant.

XII et XII *bis*. — Vues de détail du massif précédent.

XIV. — Forêt d'Aytua (Pyrénées-Orientales). Massif à l'altitude de 1.000 mètres.

XV. — Forêt de Torrent. Versant sud, végétation médiocre.

XVI. — Série de Serdinya. Beau perchis à l'exposition nord.

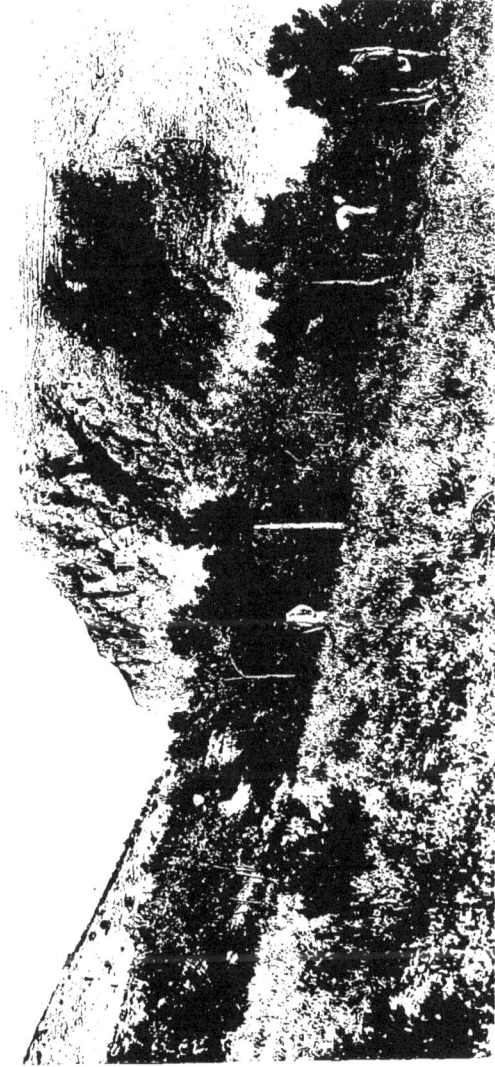

XVII. — Série de Serdiana. Sol morainique très pauvre.

XVIII. — Série de Villefranche. Sol calcaire, âge du reboisement : 12 ans, un pin noir de 2 mètres et un pin de Salzmann de 2 m. 50.

XIX. — Série de Villefranche. Reboisement de 15 ans. Pins de Salzmann à gauche de la vue, pins noirs à droite.

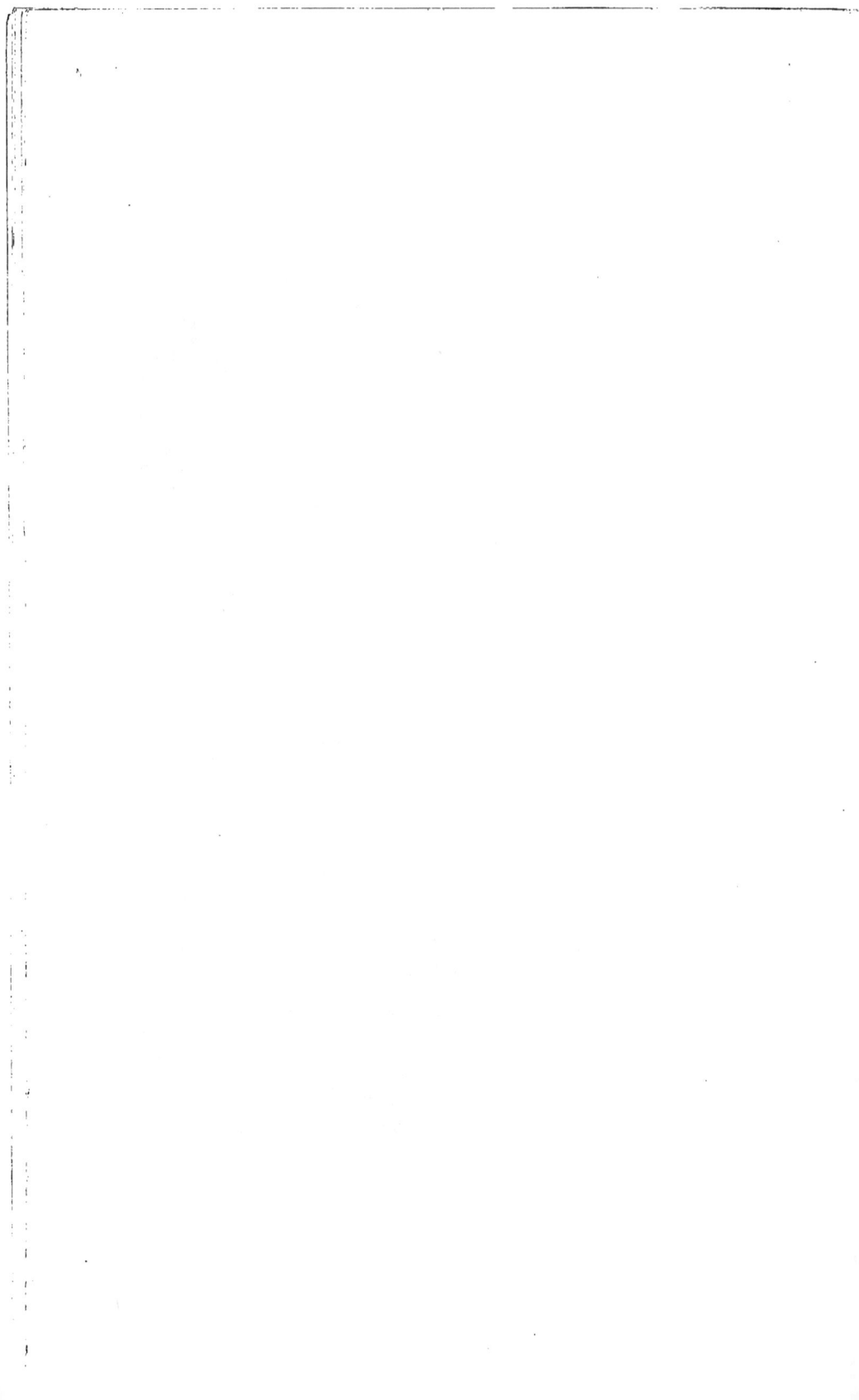

DIFFÉRENTES STATIONS

DU PIN

Laricio de Salzmann

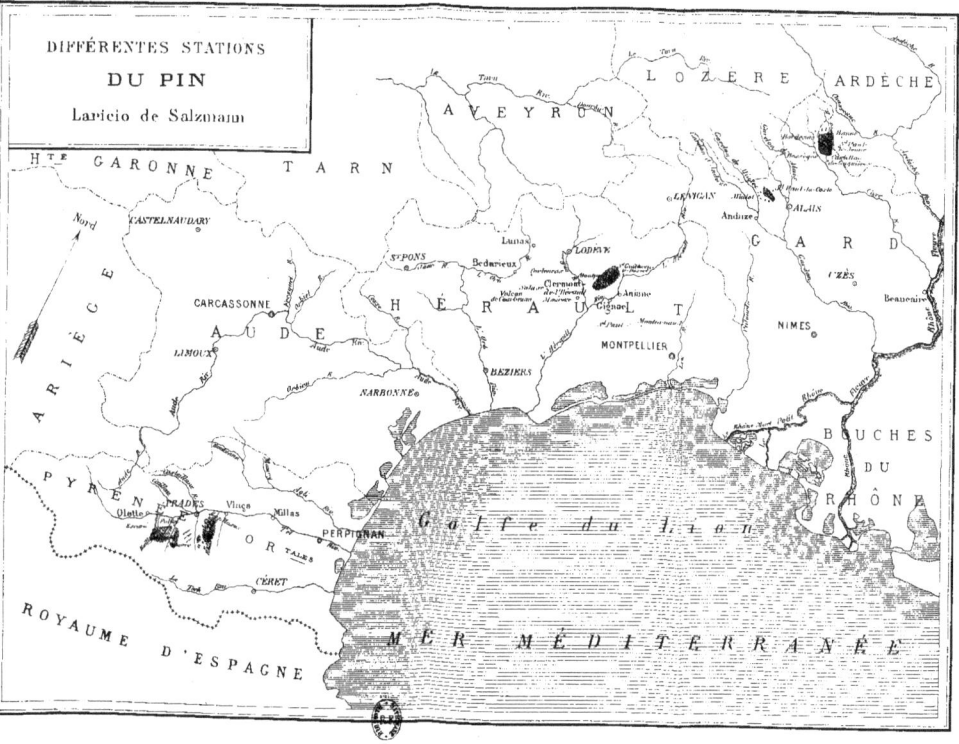

LOZÈRE · ARDÈCHE

AVEYRON

H^TE GARONNE · TARN

GARD

CASTELNAUDARY

Nord

LENTGAN · UZÈS

ARIÈGE · CARCASSONNE · HÉRAULT · ST PONS · Lunas · Bédarieux · LODÈVE · Clermont · Gignac · NIMES · Beaucaire

AUDE · LIMOUX · BEZIERS · MONTPELLIER

NARBONNE

PYRÉNÉES · ORIENTALES · PRADES · Vinça · Millas · PERPIGNAN

BOUCHES DU RHÔNE

Golfe du Lion

CÉRET

ROYAUME D'ESPAGNE

MER MÉDITERRANÉE